高职高专建筑工程类专业"十三五"规划教材

GAOZHI GAOZHUAN JIANZHUGONGCHENGLEI ZHUANYE SHISANWU GUIHUA JIAOCAI

建筑构造与识图习题集

JIANZHUGOUZAOYUSHITUXITIJI

◎主　编　刘小聪
◎副主编　徐菱珞　季　敏　舒　莉
◎主　审　钟少云

中南大学出版社
www.csupress.com.cn

图书在版编目（CIP）数据

建筑构造与识图习题集／刘小聪主编.—长沙：中南大学出版社，
2013.9（2021.7 重印）

ISBN 978-7-5487-0967-1

Ⅰ.建… Ⅱ.刘… Ⅲ.①建筑构造—高等职业教育—习题集
②建筑制图—识别—高等职业教育—习题集

Ⅳ.①TU22-44②TU204-44

中国版本图书馆 CIP 数据核字（2013）第 218329 号

建筑构造与识图习题集

刘小聪　主编

□责任编辑	周兴武	
□责任印制	唐　曦	
□出版发行	中南大学出版社	
	社址：长沙市麓山南路	邮编：410083
	发行科电话：0731-88876770	传真：0731-88710482
□印　　装	长沙德三印刷有限公司	

□开　　本	787 mm×1092 mm 1/16	□印张 9.75 □字数 128 千字
□版　　次	2013 年 9 月第 1 版	□2021 年 7 月第 10 次印刷
□书　　号	ISBN 978-7-5487-0967-1	
□定　　价	32.00 元	

前 言 PREFACE

　　本习题集与高职高专"十三五"规划教材《建筑构造与识图》配套使用，在编写过程中采用了最新的国家标准和规范，汲取了建筑领域的新知识、新技术，并结合职业岗位的要求，内容深度和难度体现了高等职业教育的特点和建筑行业"八大员"的职业岗位任职资格要求，注重理论知识在实践中的应用，着重实践动手能力的培养。全书共分为五个模块，包括初识建筑工程图、绘制建筑平面图形、绘制形体的三面投影图、绘制建筑形体的轴测投影图、绘制建筑构配件的剖面图和断面图、识读并绘制建筑施工图、识读并绘制结构施工图、识读并绘制室内给排水施工图、基础图的认知与表达、墙身剖面构造详图的认知与表达、楼层结构图的认知与表达、楼梯构造详图的认知与表达、屋面排水与节点构造详图的认知与表达、单层工业厂房建筑构造的认知与表达 14 个任务训练单元。

　　本习题集为校企合作集体编写。由湖南城建职业技术学院刘小聪任主编、钟少云任主审，湖南城建职业技术学院徐菱珞、季敏和娄底职业技术学院舒莉任副主编。郴州职业技术学院李丽田，湖南软件职业学院冯建新，湖南城建职业技术学院刘运莲、肖燕娟、庞亚芳、沈涛、肖欣荣、陈大昆，湖南省建筑工程集团总公司李波，湘潭县建筑规划设计院刘雅君、侯容，韶山高新建设投资有限公司周曦等共同参与编写。

　　本习题集在编写过程中，参考了有关标准、书籍、图片及其他资料文献，得到了出版社和编者所在单位的领导和同事的鼎力支持，在此一并致谢。由于编者水平有限，书中难免出现错误，恳请各位读者批评指正。

编　者

目 录 CONTENTS

模块五　工业建筑构造的认知与表达

模块一　初识建筑

任务训练1 初识建筑工程图

1. 按技能抽查标准要求，识读教材中图 1.1.1 所示建筑工程图样(或老师指定的一套施工图)，完成如下表所示的识读记录。

表 1.1.1 读图记录表

(1)工程图中的施工图有哪些类型?	
(2)本套施工图的编排顺序如何?	
(3)各类施工图共有多少张?	
(4)图中表达的建筑是什么类型，什么等级?	
(5)该建筑的组成部分有哪些?	
(6)该建筑的开间和进深尺寸有哪些? 是否符合模数制的要求?	
(7)设计该建筑时，应该要考虑哪些可能会影响房屋构造的因素?	

2．测试题。

(1) 一套建筑工程施工图根据专业的不同可分为 _____ 施工图、_____ 施工图、_____ 施工图和_____ 施工图四部分。

(2) 建筑施工图通常是由首页图、总平面图、_____ 图、_____ 图、_____ 图和_____ 图所组成。

(3) 各专业施工图的编排顺序是：一般_____ 编在前、_____ 编在后；_____ 编在前、_____ 编在后；_____ 编在前、_____ 编在后；_____ 的编在前、_____ 的编在后。

(4) 按建筑的使用性质分_____、_____、_____。

(5) 建筑物的等级划分按民用建筑的设计使用年限分_____、_____、_____、_____。

(6) 建筑物的耐火性能是由组成_____。

(7) 建筑构件的燃烧性能是指_____。

(8) 耐火极限是指_____。

(9) 民用建筑中房屋的基本组成主要有_____。

(10) 建筑工业化的内容是_____。

(11) 建筑模数是选定的_____，作为尺度协调中的_____，也是_____、_____、_____、建筑设备、建筑组合件等各部门进行尺寸协调的基础。

(12) 基本模数是模数协调中选定的标准尺寸单位，用 M 表示，1M = _____ mm。

(13) 为了保证建筑物构配件的安装与有关尺寸间的相互协调，在建筑模数协调中把尺寸分为_____、_____ 和实际尺寸。

任务训练 2　绘制建筑平面图形

1. 图板、图线练习。要求图框格式正确、字体端正整齐、尺寸标注齐全、线型符合标准要求，图纸内容标注齐全，图面布置适中、均匀、美观，图面整体效果好，并符合国家有关制图标准。

（1）选择合适的比例，用 A3 绘图纸铅笔抄绘教材中图 1.1.1 所示一建筑平面图。

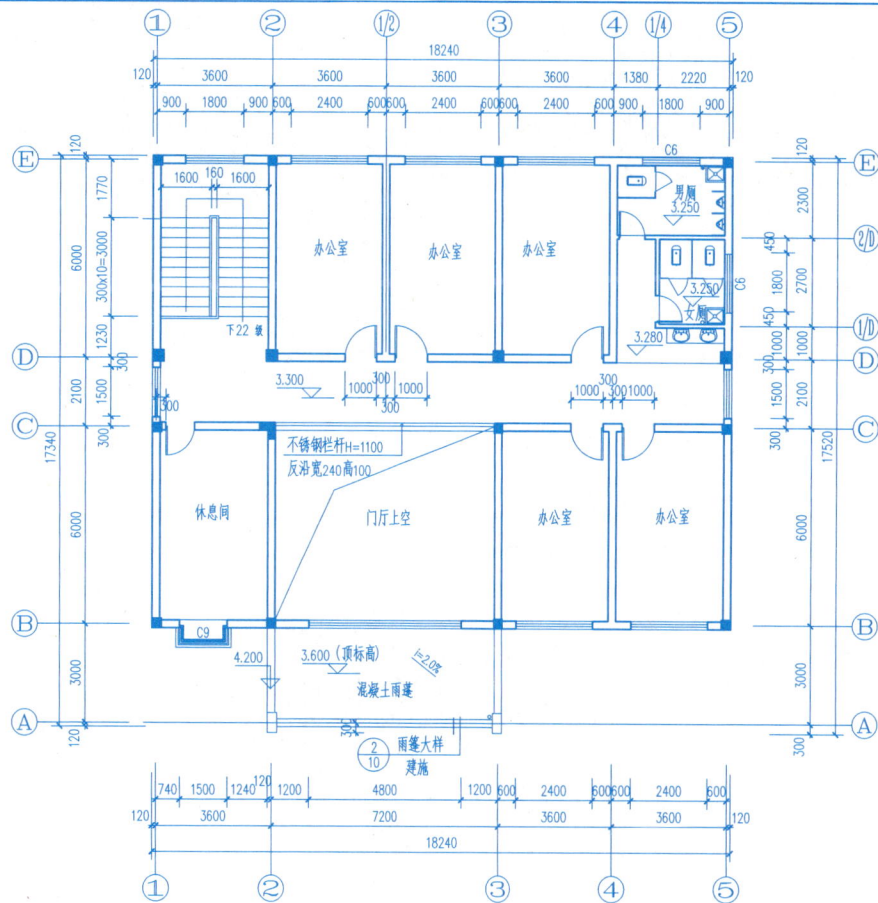

二层平面图　1:100　（本层建筑面积:261.56m²）

（2）用 A3 图幅图纸，按 1：1 比例用铅笔抄绘所给图样。要求线型分明、交接正确、注写认真。

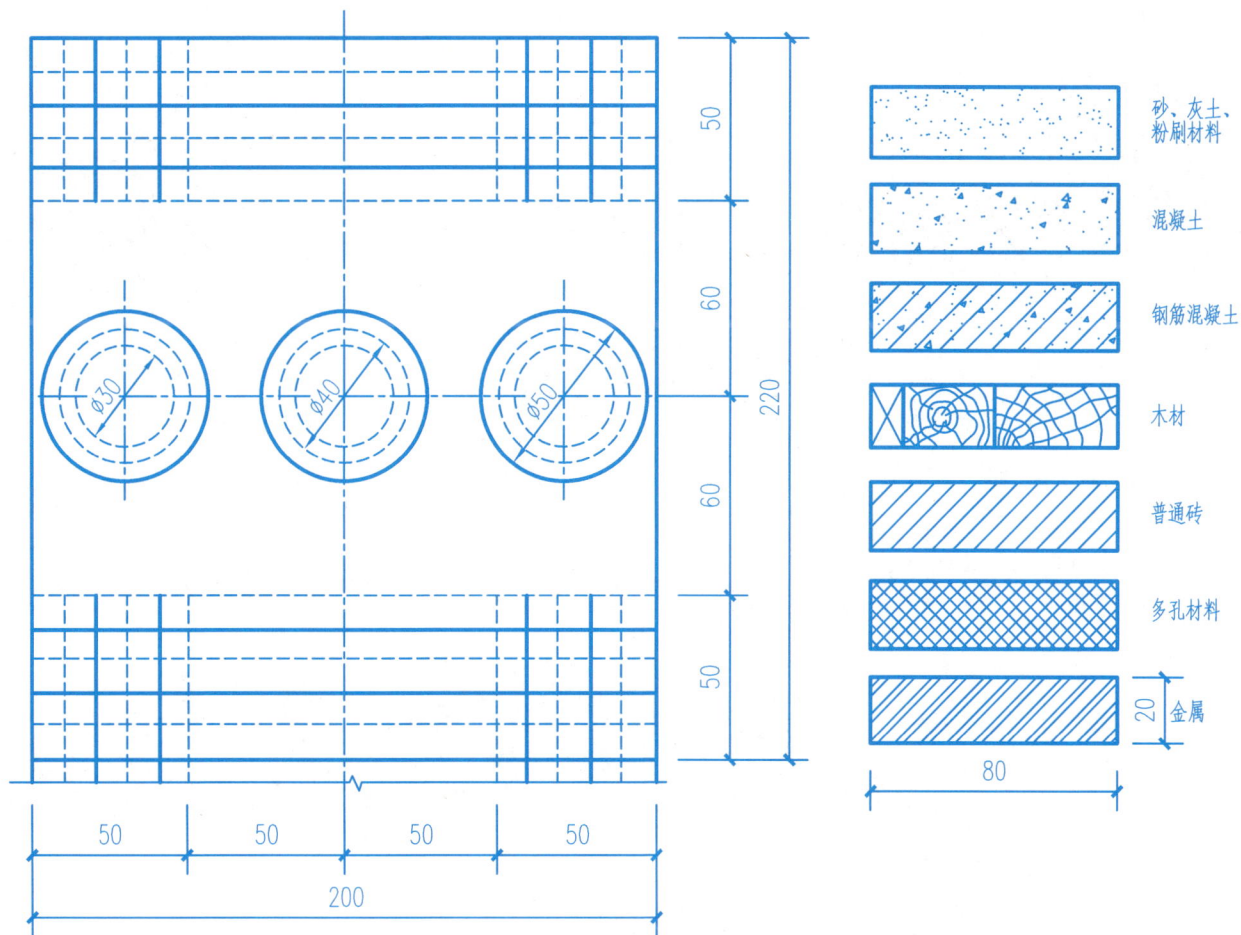

砂、灰土、粉刷材料

混凝土

钢筋混凝土

木材

普通砖

多孔材料

金属

2. 字体练习。

建筑制图构造基础建筑工程专业设计制图校对审核

东西南北平立剖面墙体楼板楼梯门窗屋顶阳台散水

工业民用建筑明沟泛水方案施工图绘制扩建车库防火挑檐住宅楼

直体：1234567890

斜体：1234567890

直体： ABCDEFGHIJKL

直体： abcdefghijkt

斜体： ABCDEFGHIJKL

斜体： abcdefghijkt

3. 图样的比例及尺寸标注。

按给定比例量取数值，标注尺寸。

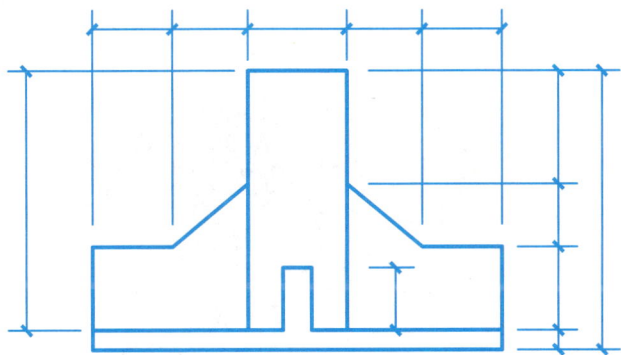

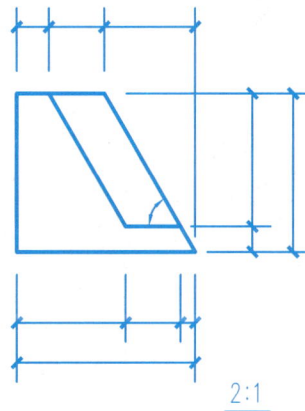

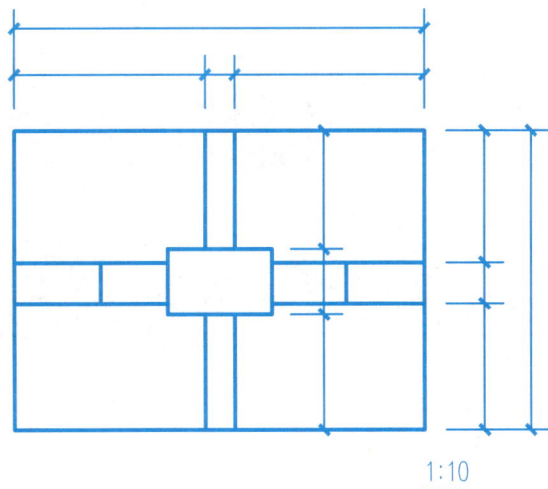

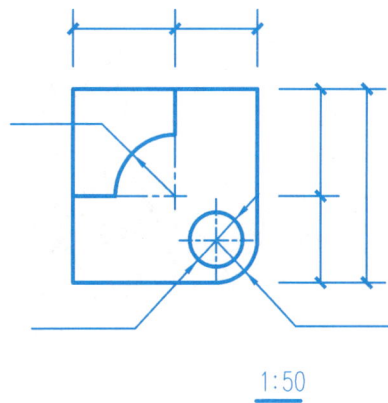

2:1

1:10

1:50

4. 测试题。

(1) 图纸的摆放格式有_____和_____两种。A2 图幅和 A3 图幅的尺寸分别为_____和_____。

(2) 图线的种类有实线、虚线、单点长画线、_____、_____、_____，其中可见的线画_____、不可见的线画_____。

(3) 长仿宋字的书写要领：_____、_____、_____、_____。

(4) 图样的比例，应为_____与_____相对应的线性尺寸之比。图样中的图形不论按何种比例绘制，尺寸仍须按_____。

(5) 图样中的尺寸标注应包括_____、_____、_____、_____。

(6) 标高有_____和_____两种。施工图上标高一般采用相对标高。在总平面图上或设计说明中应注明相对标高与绝对标高的关系。相对标高是指_____；绝对标高是指_____。

(7) 剖视的剖切符号应由_____和_____组成，均应以粗实线绘制。剖切位置线的长度宜为_____；剖视方向线应垂直于剖切位置线，长度宜为_____。断面的剖切符号应只用_____表示，并应以粗实线绘制，长度宜为_____。

(8) 索引符号是用直径为_____的圆和水平直径组成，圆及水平直径应以_____绘制。详图的位置和编号应以详图符号表示，详图符号的圆应以直径为_____的_____绘制。零件、钢筋、杆件、设备等的编号宜以直径为_____的细实线圆表示。

(9) 指北针常用来表示建筑物的朝向，用直径为_____的细实线圆绘制，指北针尾部的宽度为_____，指北针头部应注"北"或"N"。

(10) 房屋施工图中的定位轴线是_____及_____的基线，是设计和施工中定位放线的重要依据。定位轴线应用细单点长画线绘制且应编号，编号应注写在定位轴线端部细实线的圆内，其直径为_____。平面图上定位轴线的编号，横向编号应用_____，从_____编写；竖向编号应用_____（但 I、O、Z 例外，以免与数字混淆）由_____顺序编写。

(11) 常用构件梁、板、柱的代号分别为：_____、_____、_____。

(12) 常用的绘图工具有_____、_____、_____、_____、_____、_____、_____等。

模块二　建筑形体投影图的表达

任务训练1 绘制形体的三面投影图

1. 根据立体图，找对应的投影图。

根据立体图的三面投影图，将对应的立体图号码填在投影图下的圆圈内。

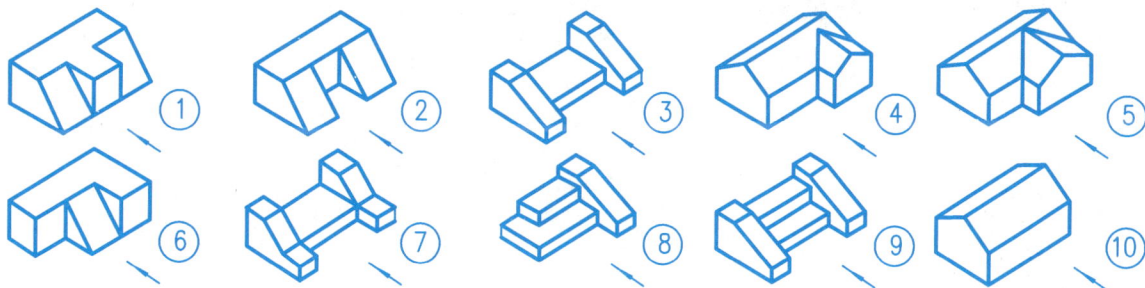

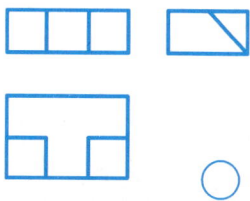

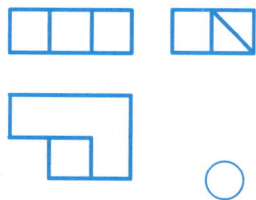

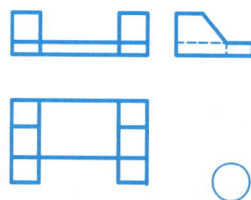

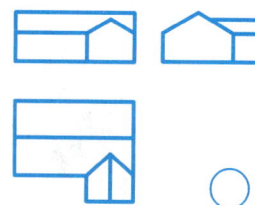

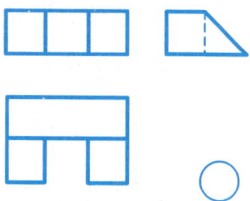

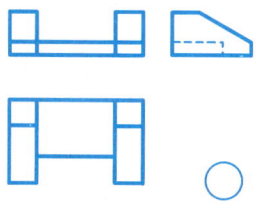

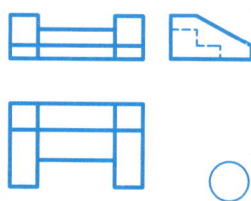

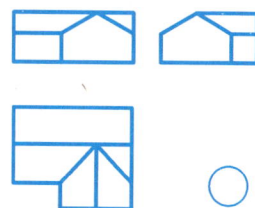

2. 点、直线、平面的投影。

（1）已知点的两面投影，求作第三投影。

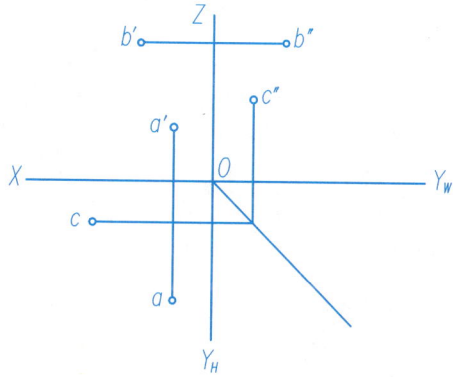

（2）已知点 $A(0，0，10)$、$B(20，0，5)$、$C(15，15，20)$，求作它们的三面投影。

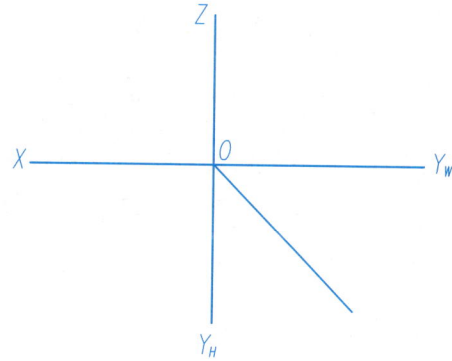

（3）已知点的两面投影，求作第三投影，并判别它们的位置。

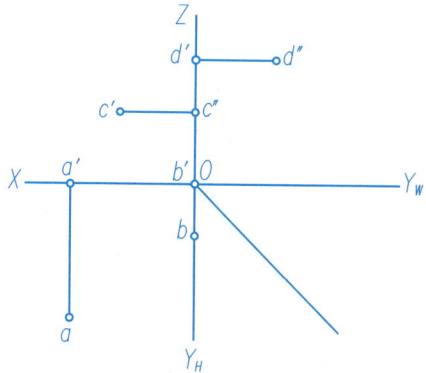

点	位置
A	
B	
C	
D	

（4）已知 A、B、C 三点到各投影面的距离，求作它们的三面投影。

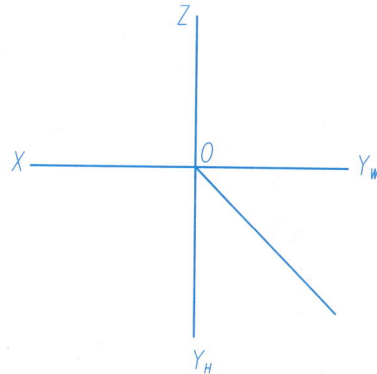

点	距W面	距H面	距V面
A	20	10	25
B	10	20	5
C	5	15	10

（5）求下列直线的第三投影。

1)
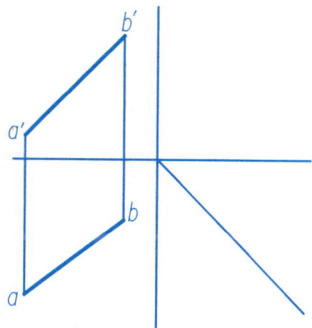

2)
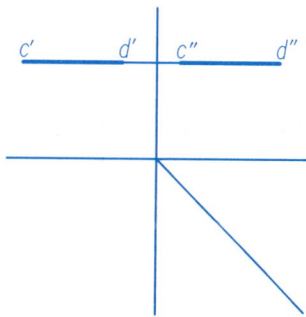

3)
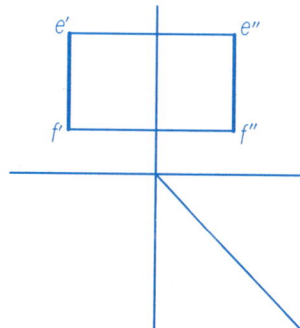

4)
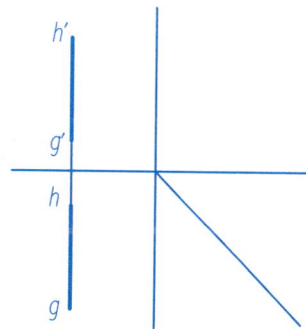

（6）判别下列直线的空间位置。

1)
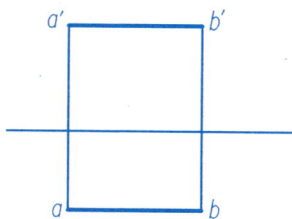

AB是____线。

2)
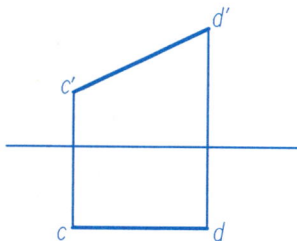

CD是____线。

3)
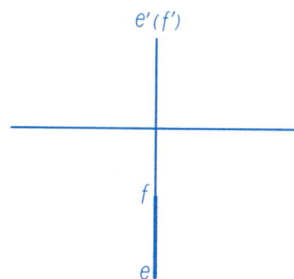

EF是____线。

4)
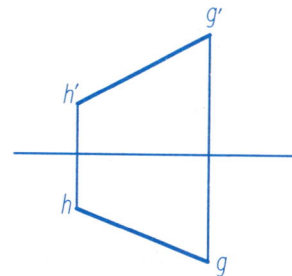

HG是____线。

(7)判别下列各点是否在各直线上。

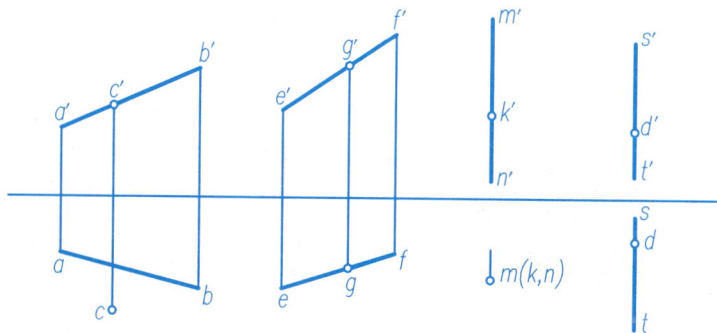

点C___AB上。　点G___EF上。　点K___MN上。　点D___ST上。

(8)已知直线上点 *E* 的 *V* 面投影，求其 *H* 面的投影。

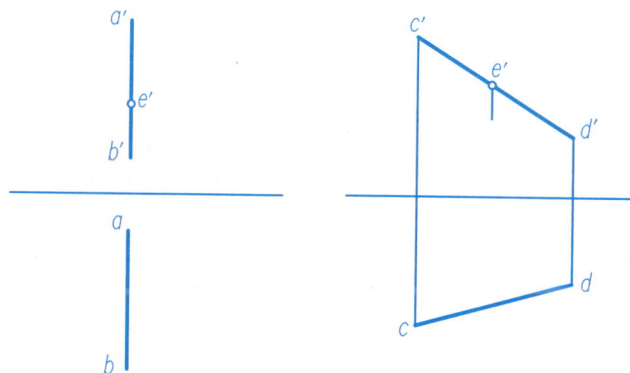

(9)在下列直线上分别找一点 *K*，使其距 *V* 面的距离为 12 mm。

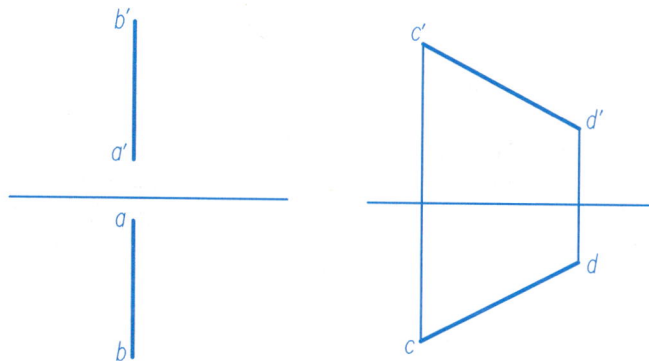

(10)在下列直线上分别找一点 *K*，使其两端之比为 2：3。

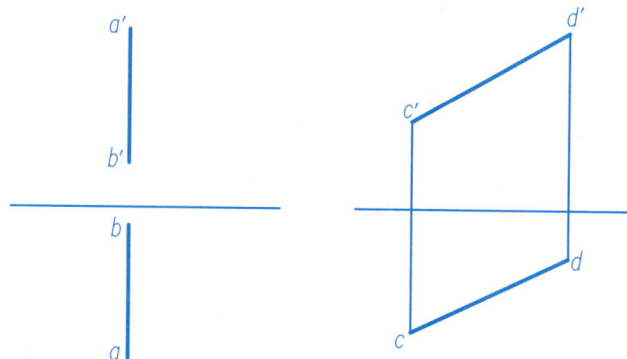

（11）补全下列平面的第三投影。

1)

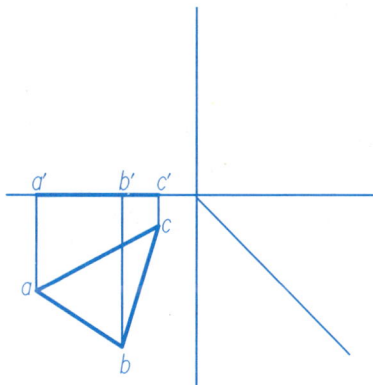

2)

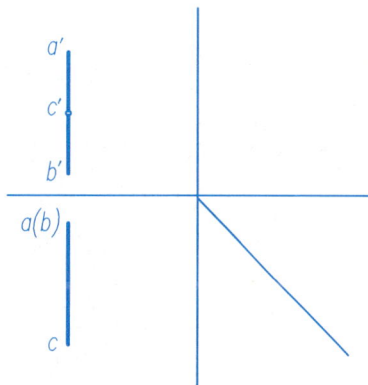

3)

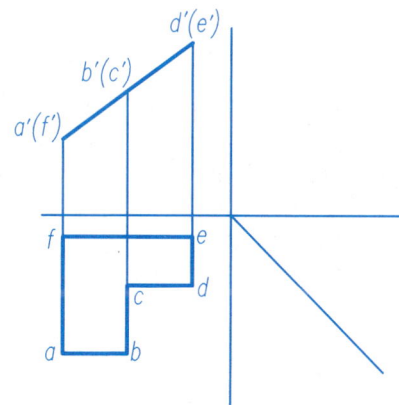

4)

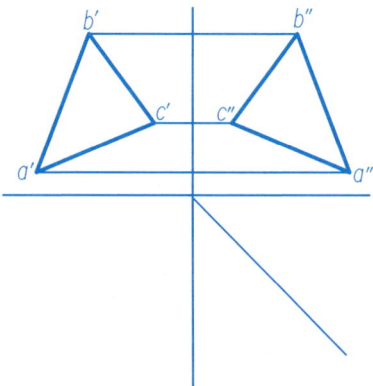

5)

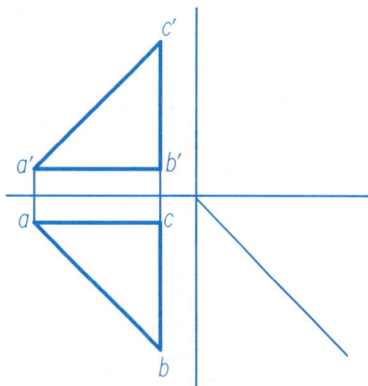

6)

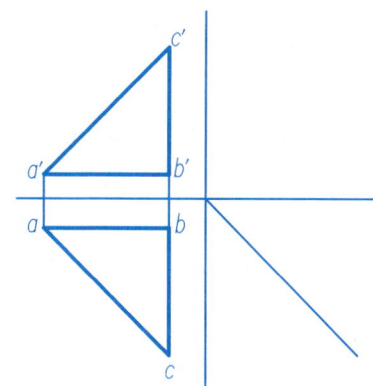

（12）已知点或直线在平面内，求点或直线的另一投影。

1)
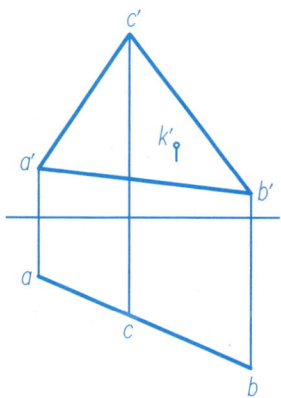

2)
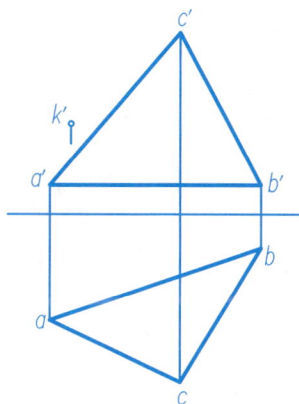

3)
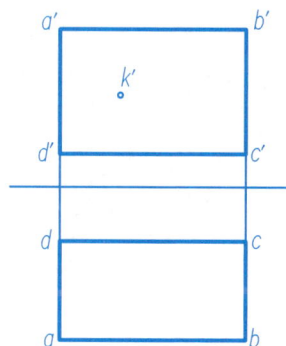

4)
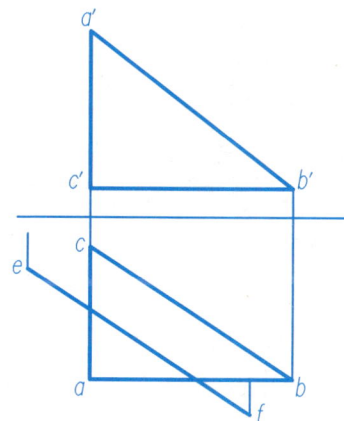

（13）判别下列点或直线是否在给定的平面内。

1)
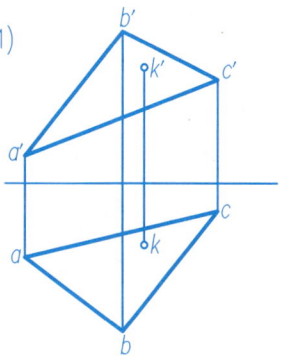

2)
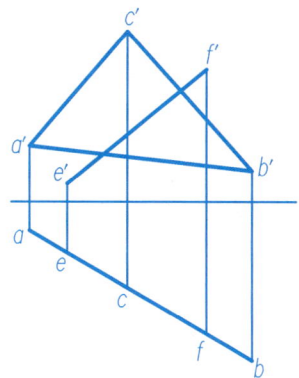

（14）完成四边形 ABCD 的其他两面投影。

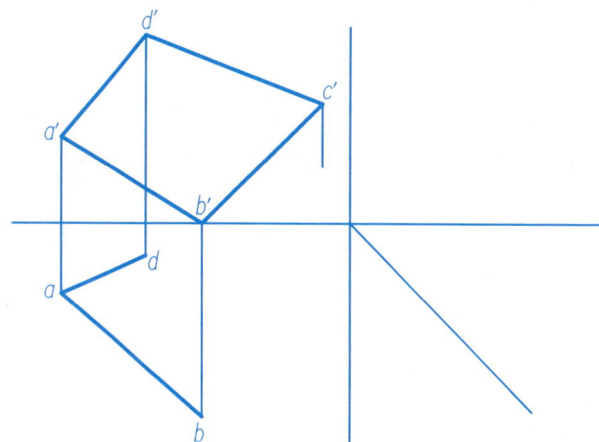

3. 基本形体的投影。

（1）根据平面体的两面投影，补绘第三投影。

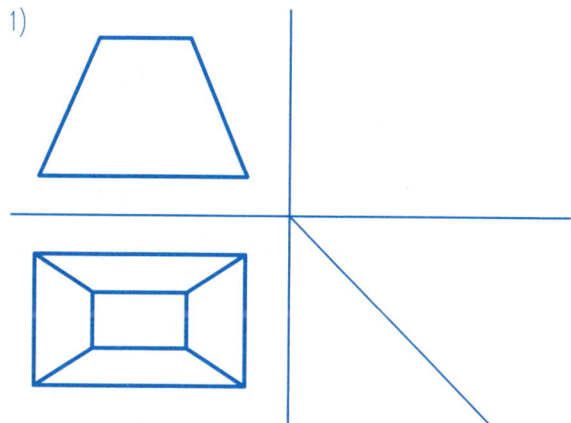

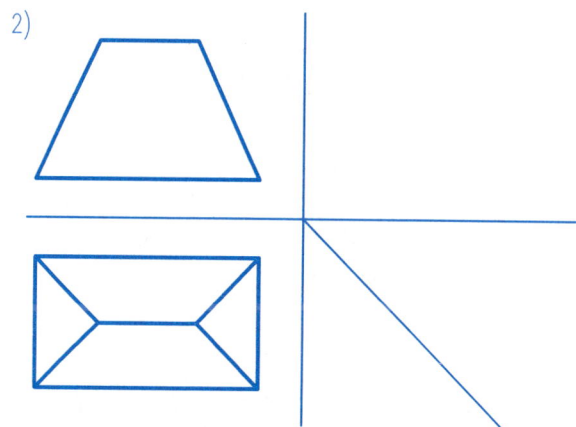

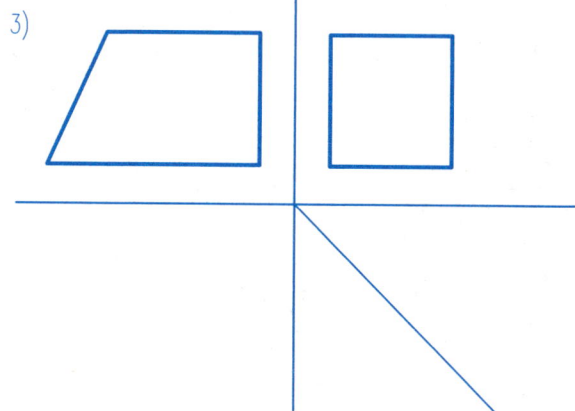

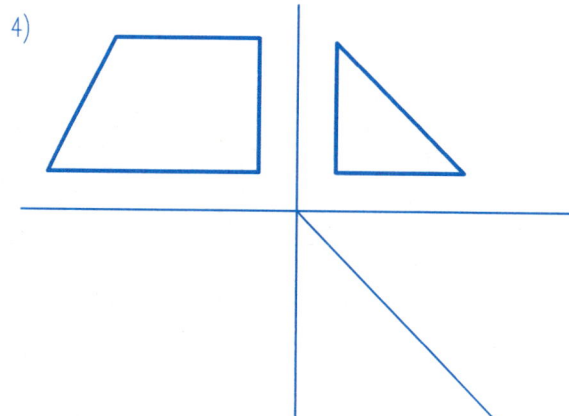

1)

2)

3)

4)

(2) 已知一竖放着的圆柱体，高 25 mm，距 *H* 面 5 mm，作该圆柱体的投影。

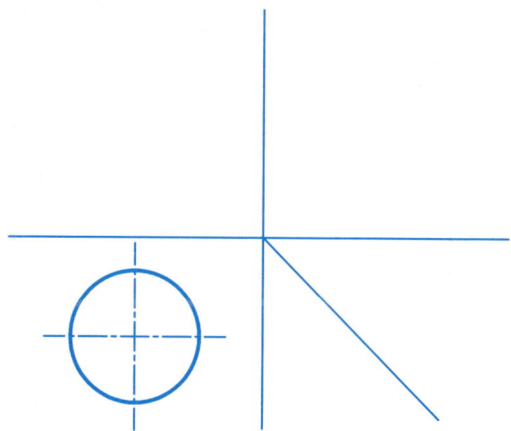

(3) 已知一竖放着的圆锥体，高 25 mm，底面在 *H* 面上，作该圆锥体的投影。

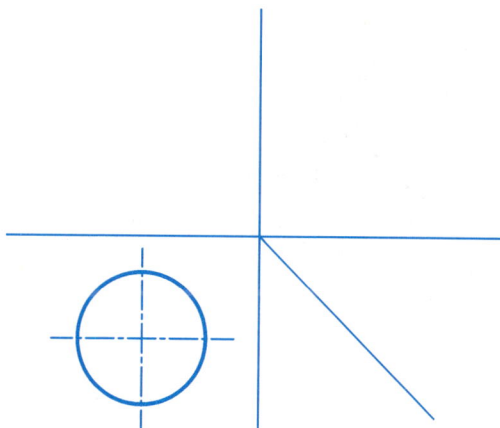

(4) 补全圆台的 *W* 面投影。

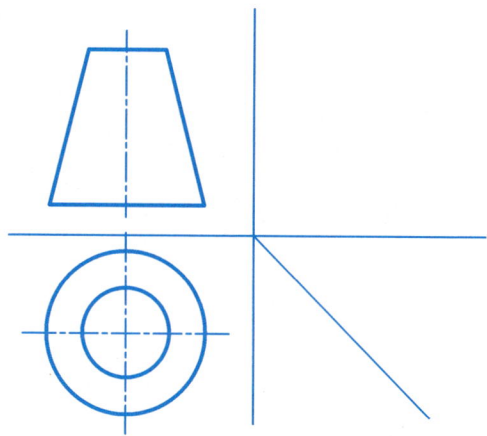

(5) 作出上半球的 *V*、*W* 面投影。球心在 *H* 面上。

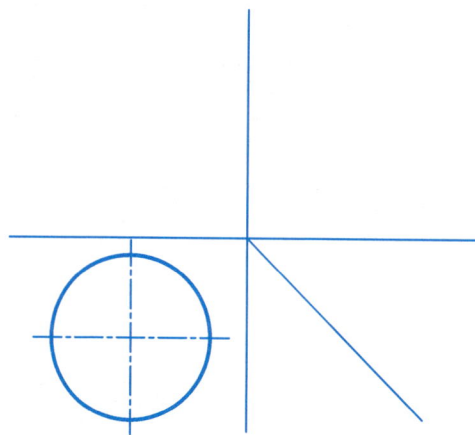

4. 截断体的投影。

(1) 完成下列平面体被切后的投影图。

1)

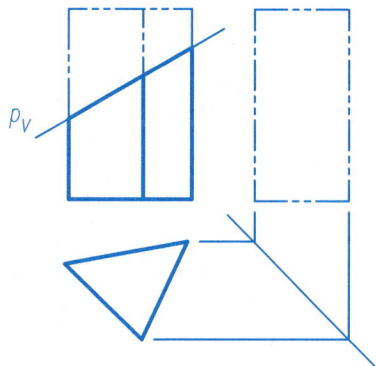

p_v

2)

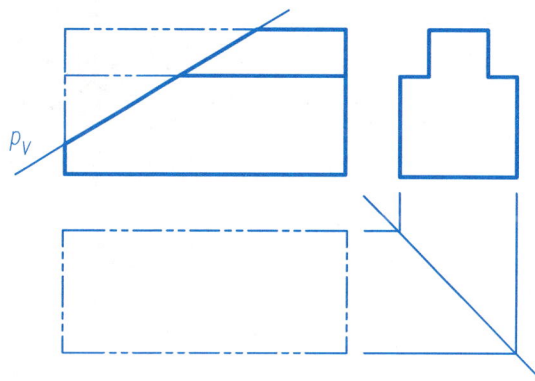

p_v

3)

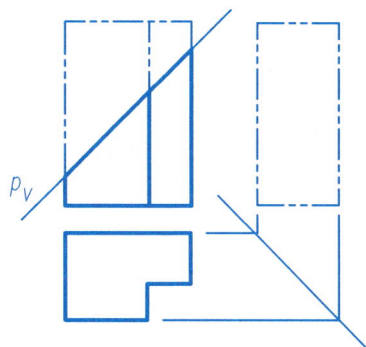

p_v

4)

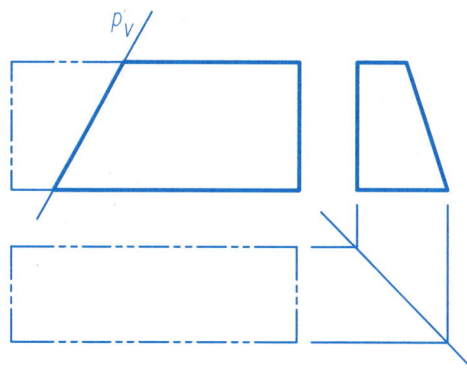

p_v

（2）完成下列曲面体被切后的投影图。

1)

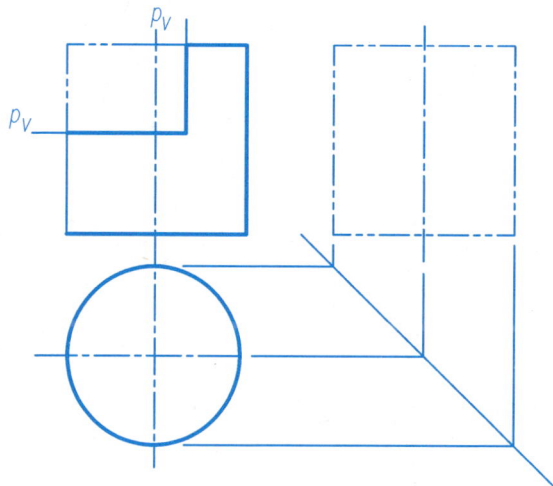

2)

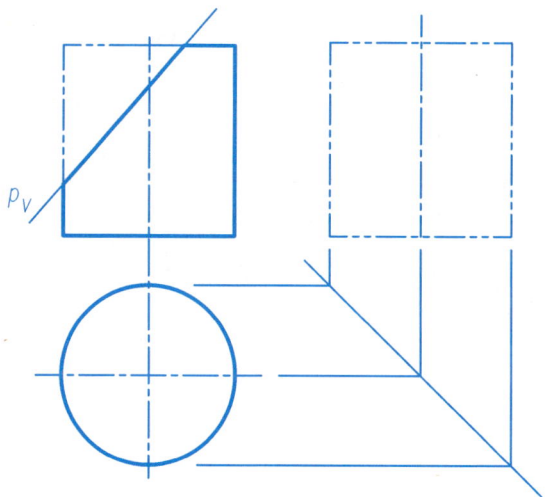

3)

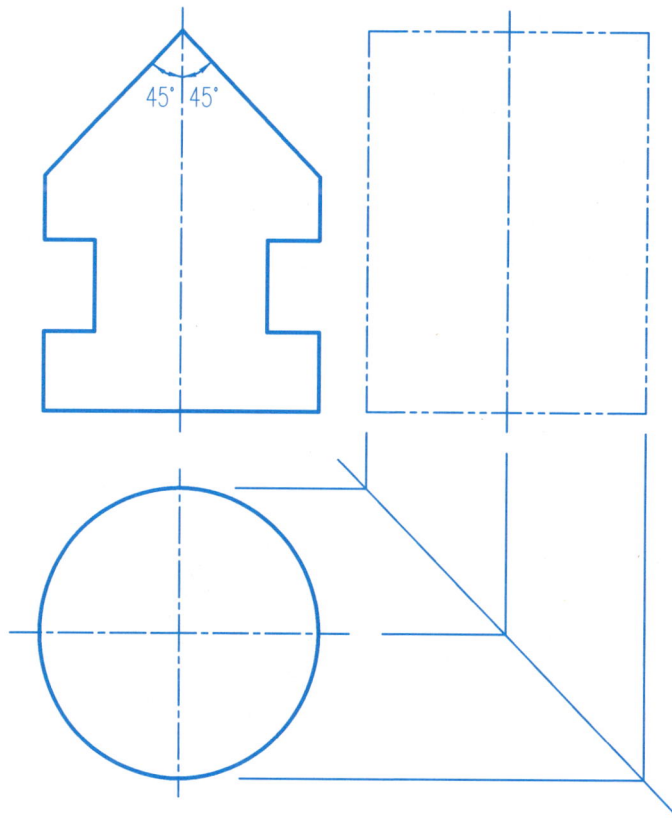

5. 组合体投影图的画法与识读。

（1）根据形体的直观图，作出其三面投影图。

1)

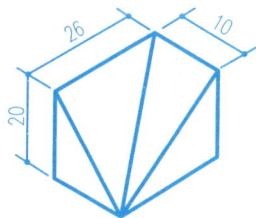

2)

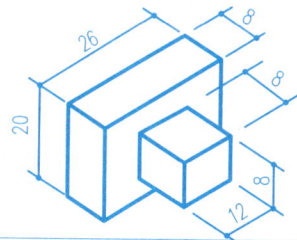

3)

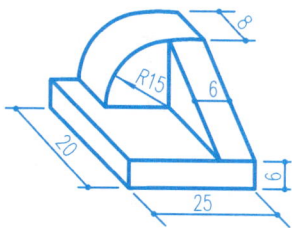

4)

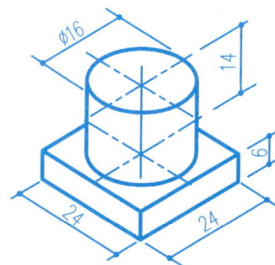

5)

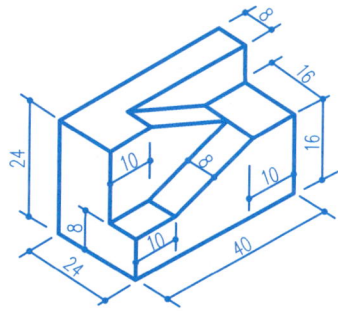

6)

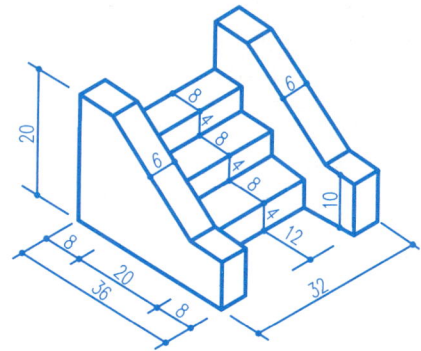

（2）根据形体的一个投影，设计出两种不同的形体，并补绘出其余两个投影。

1)
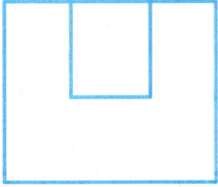
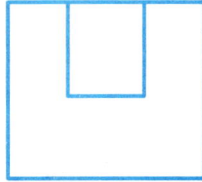

2)
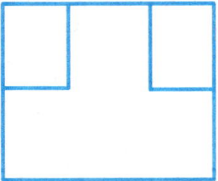
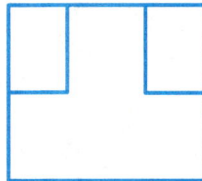

3)

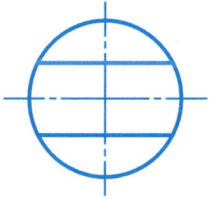 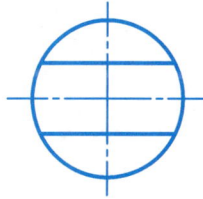

4)

（3）根据形体的两个投影，设计出两种不同的形体，并补绘第三投影。

1)

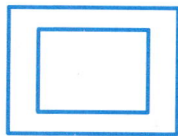 

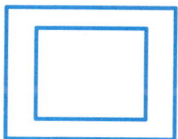 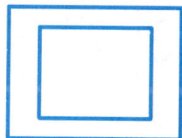

2)

（4）补绘投影图中所缺的线。

1)

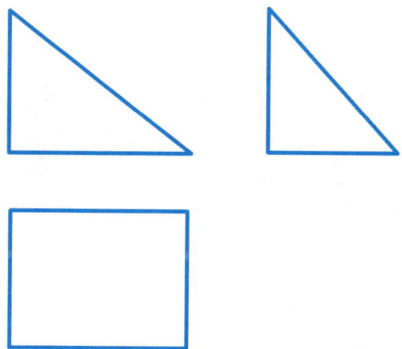

2)

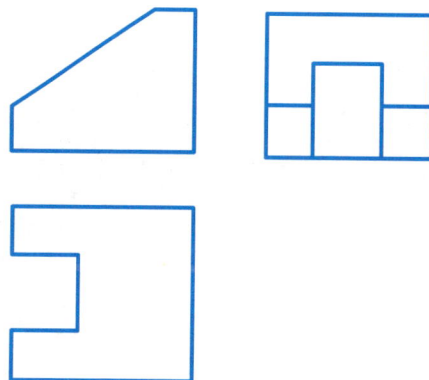

3)

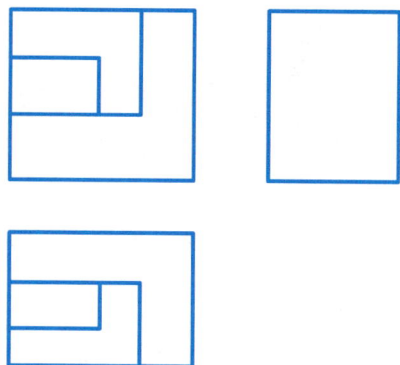

4)

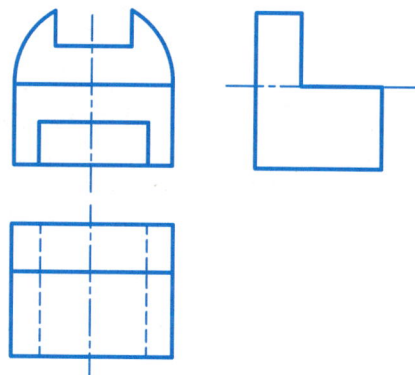

(5) 补绘形体的第三投影。

1)

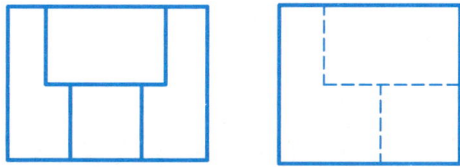

2)

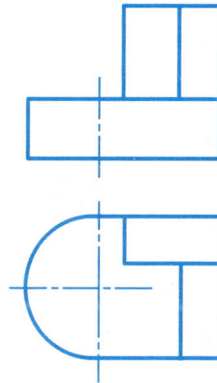

3)

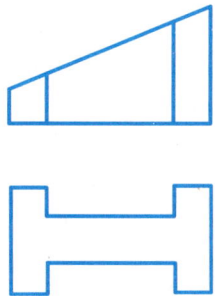

4)

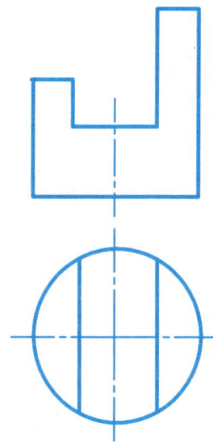

(6) 求台阶的 *H* 投影。

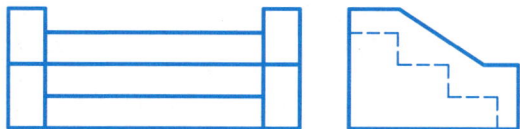

(7) 求斗拱的 *W* 投影。

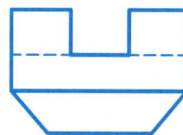

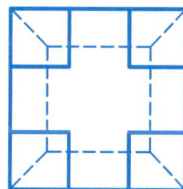

(8) 求木榫头的 *H* 投影。

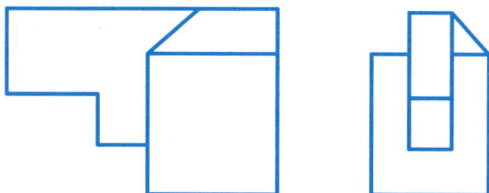

(9) 求梯级的 *W* 投影。

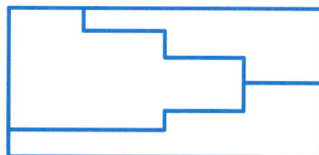

作业说明

1）目的

①掌握组合体三面投影图的画图步骤；

②掌握三面投影图的对应关系；

③进一步掌握制图工具和绘图用品的正确使用方法。

2）内容与要求

①根据轴测投影图画三面投影图；

②选用 A3 图幅自定比例画出投影轴和全部轮廓线并标注尺寸。

3）绘图步骤

①根据选用图幅画图框格式；

②分析形体，选择 V 面投影方向，一般应使形体的主要面或反映形体形状特征的面平行于 V 面，并注意作图清晰、虚线少，在草稿纸上画出三面投影草图；

③根据图中的所注尺寸及选定比例在图纸的有效幅面范围内布图，并考虑尺寸标注所占的位置，布图应适中、匀称、美观；

④画投影图底稿，作图时，首先画出投影轴，再画外形轮廓线，然后按顺序画出内部轮廓线，完成底稿，检查、校对、修正，擦去多余的线；

⑤加深图线，按规定的线型用 B 或 2B 铅笔加深、加粗，要求粗、细分明；

⑥标注尺寸，先画出全部尺寸界线、尺寸线和起止符号，然后按要求书写尺寸数字，尺寸标注应正确、齐全；

⑦填写标题栏内各项内容，注写比例，文字说明，完成全图。

1)
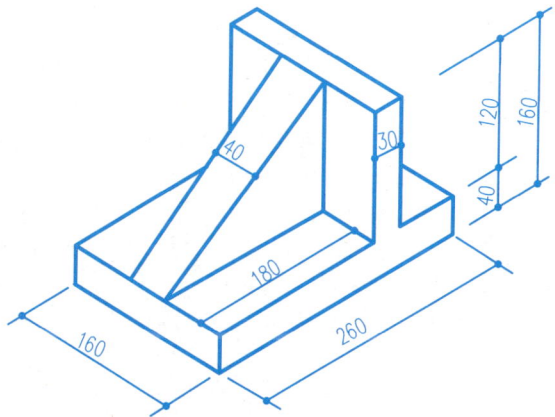

2)
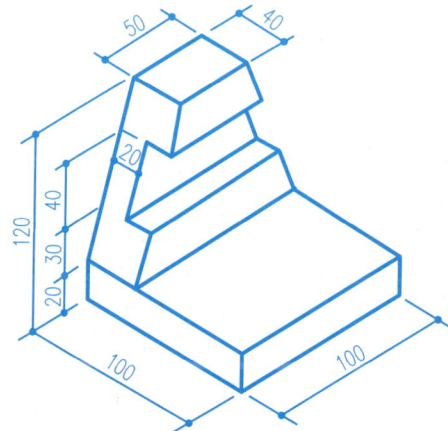

3)
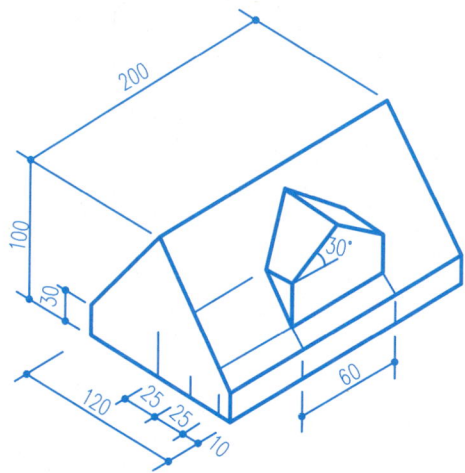

4)
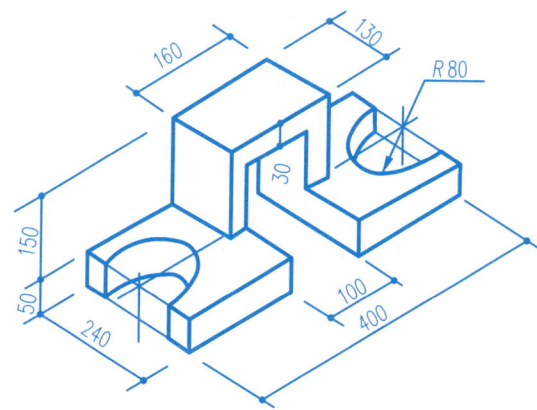

5)

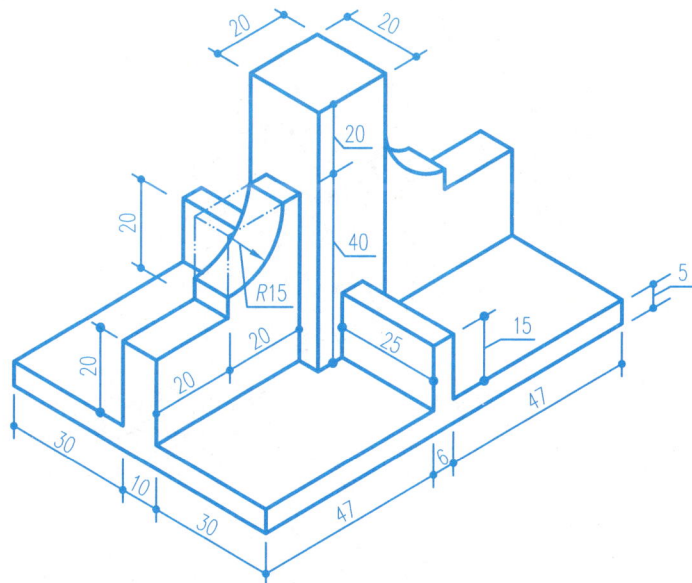

6)

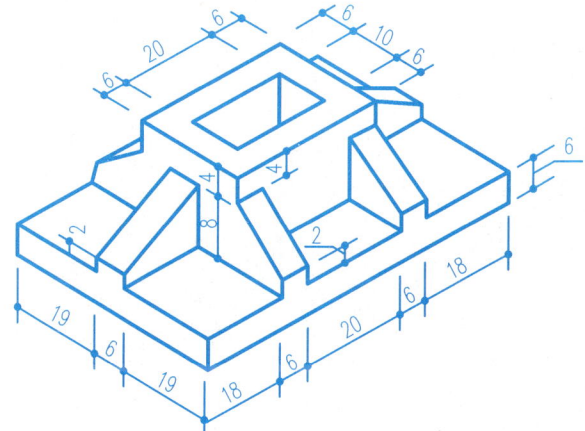

7)

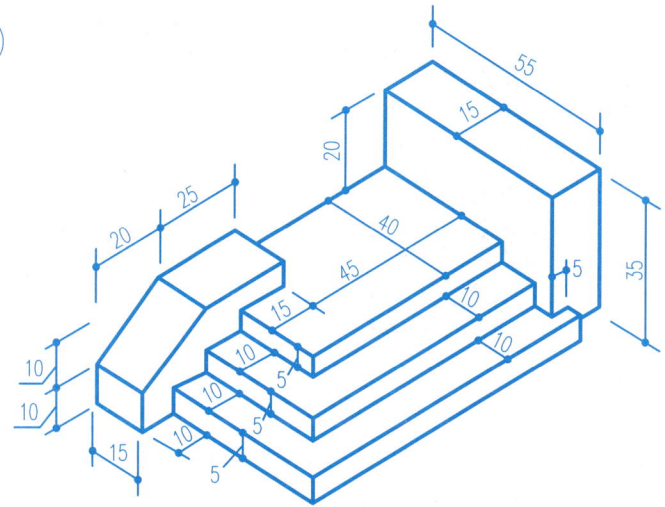

任务训练 2　绘制建筑形体的轴测投影图

1. 根据建筑形体的两面投影，作形体的正等测投影图。

(1)

(2)
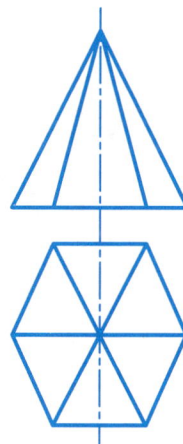

(3)
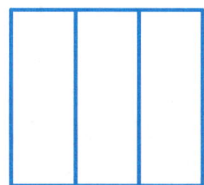
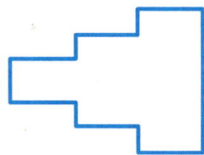

(4)
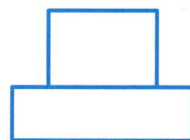
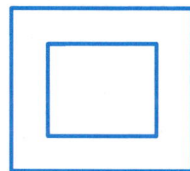

(5)

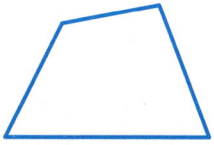

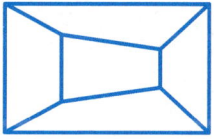

(6)

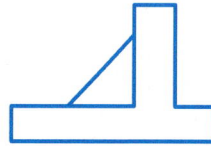

(7)

 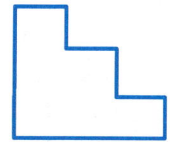

(8)

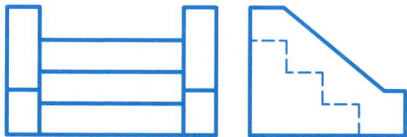

(9)

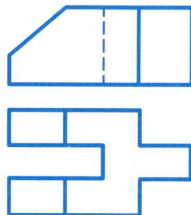

(10)

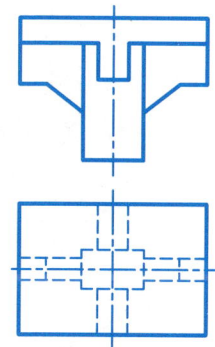

2. 根据建筑形体的两面投影，作形体的正面斜轴测投影图。

(1)

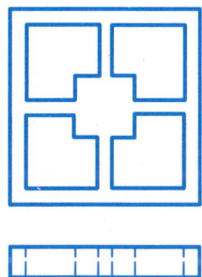

(2)

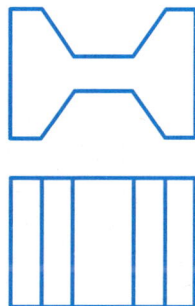

(3)

(4)

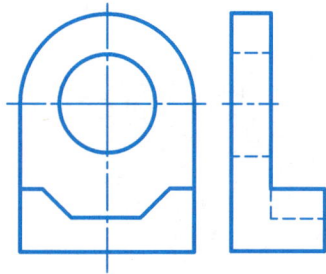

(5)

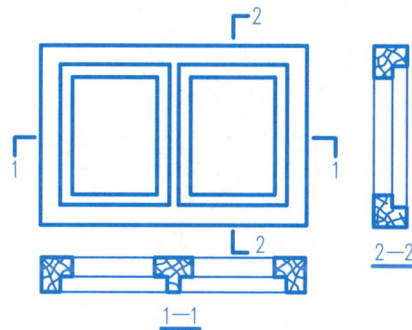

1—1

2—2

3. 根据建筑形体的两面投影，作形体的轴测投影图。

(1)正二测投影图。

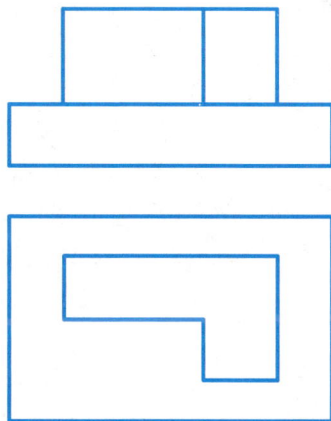

(2)水平斜轴测投影图。

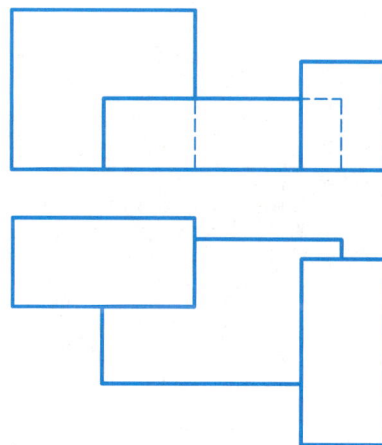

任务训练 3　绘制建筑构配件的剖面图和断面图

1. 形体的剖面图

(1)画全剖面图(可以直接将 H 面投影图的 V 面投影图改画成全剖面图)。

1)

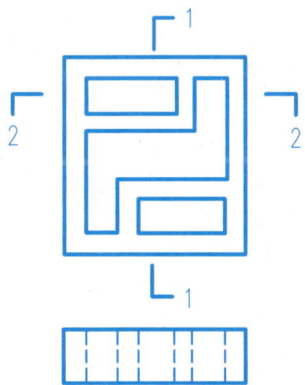

2)

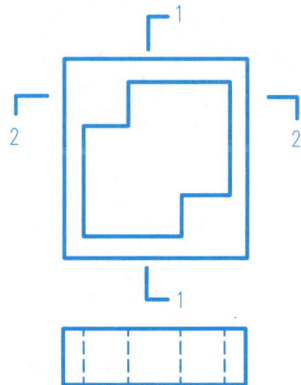

3)

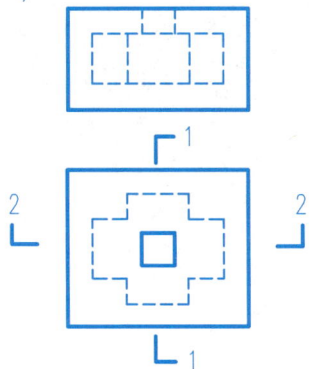

4)

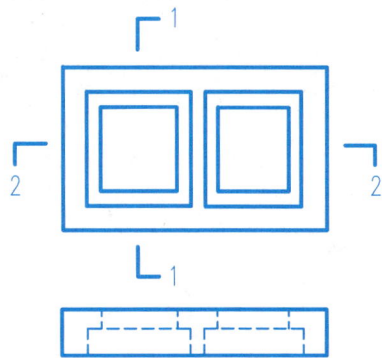

（2）补画出 W 面投影面，并将 W 面投影改画成半剖面图，并标注相对应的剖切符号。

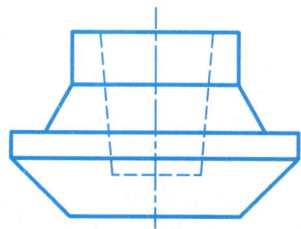

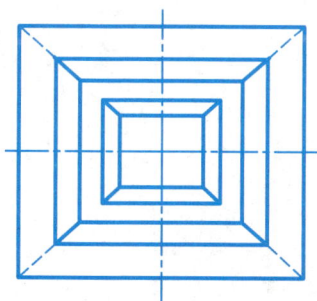

（3）补画出 W 面投影面，并将 V 面投影改画成阶梯剖面图，并标注相对应的剖切符号。

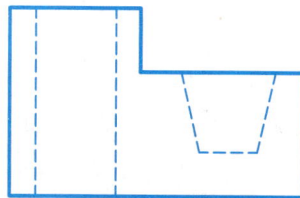

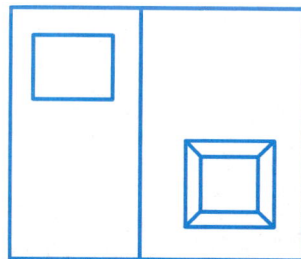

(4) 完成建筑形体(墙身、窗框、窗台、窗)的 1—1 剖面图。

1)

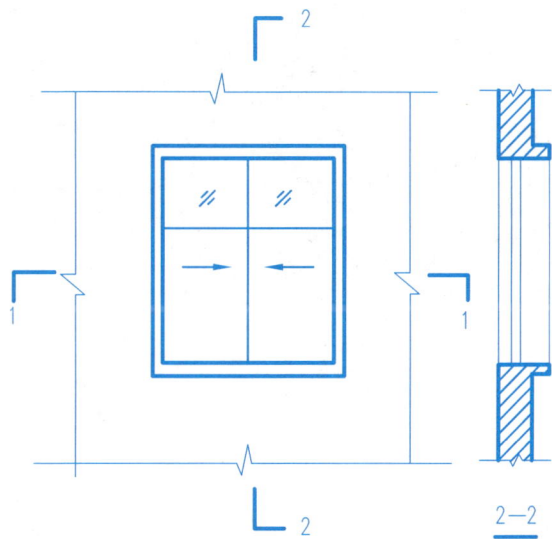

2—2

2)

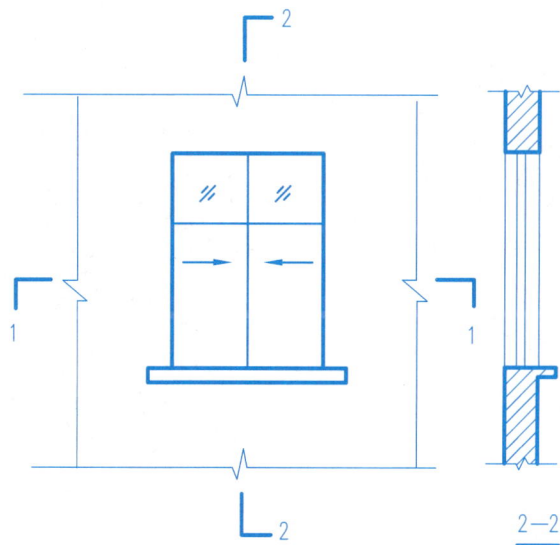

2—2

(5)完成建筑形体(门窗、雨篷、台阶等)的 1—1 剖面图(图中细双点长画线表示雨篷)。

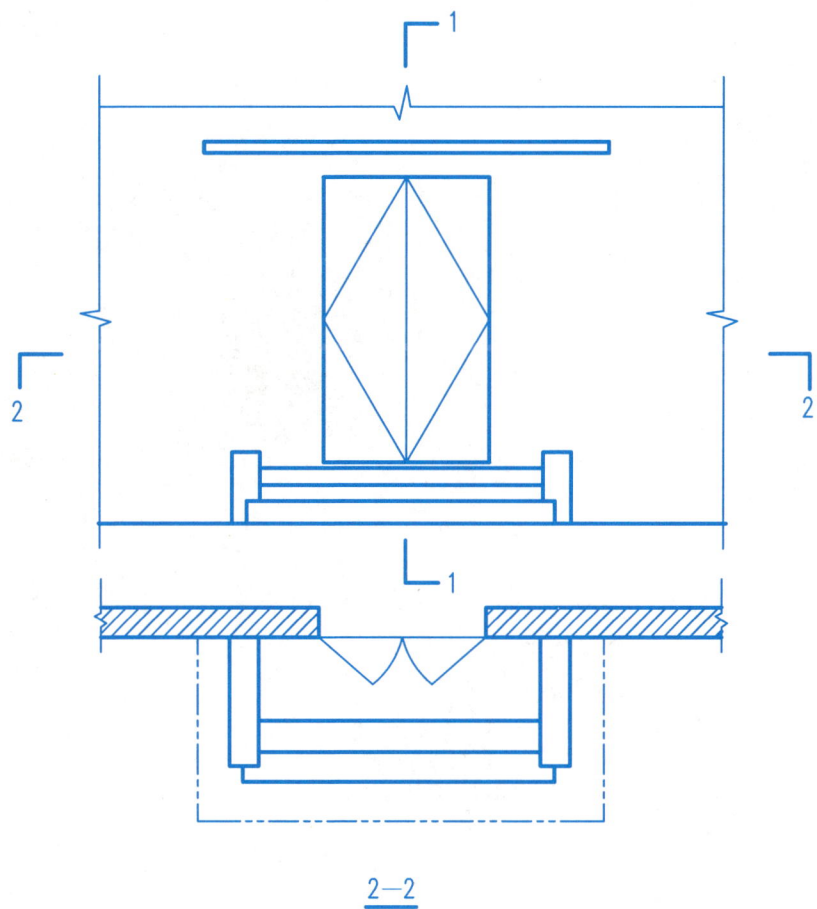

2—2

2. 形体的断面图。

(1)已知钢筋混凝土工字型梁的投影图，在剖切位置延长线上画出其移出断面图。

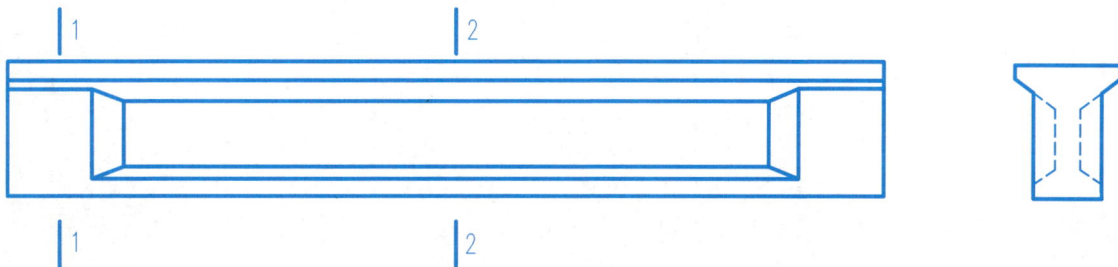

(2)已知 T 字型板的投影，画出其重合断面图。

(3)已知钢管的投影，将其断面图画在其中断处。

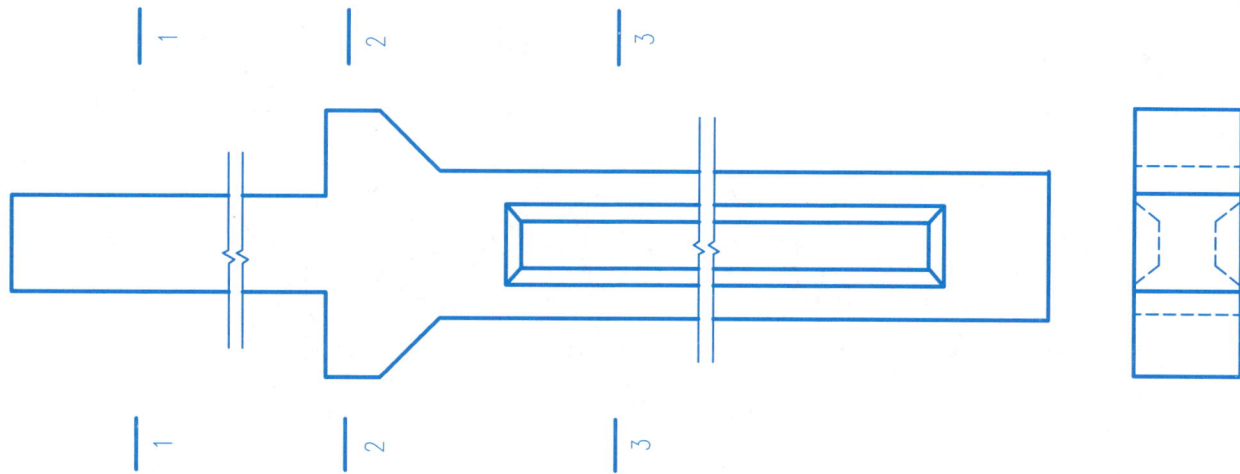

(4) 已知钢筋混凝土柱的投影，在剖切位置延长线上画出其移出断面图。

(5) 识读梁板式楼板的平面图和1—1剖面图，根据投影关系作出其2—2剖面图；并用1：20的比例作出3—3、4—4、5—5断面图。

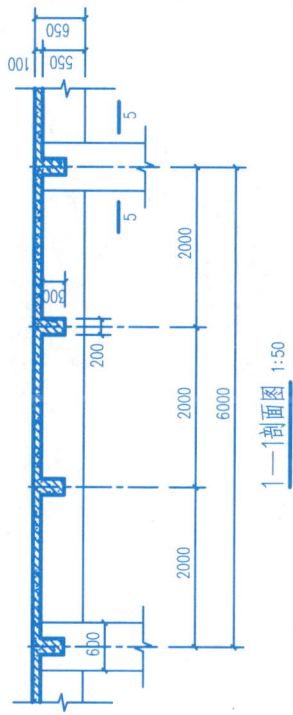

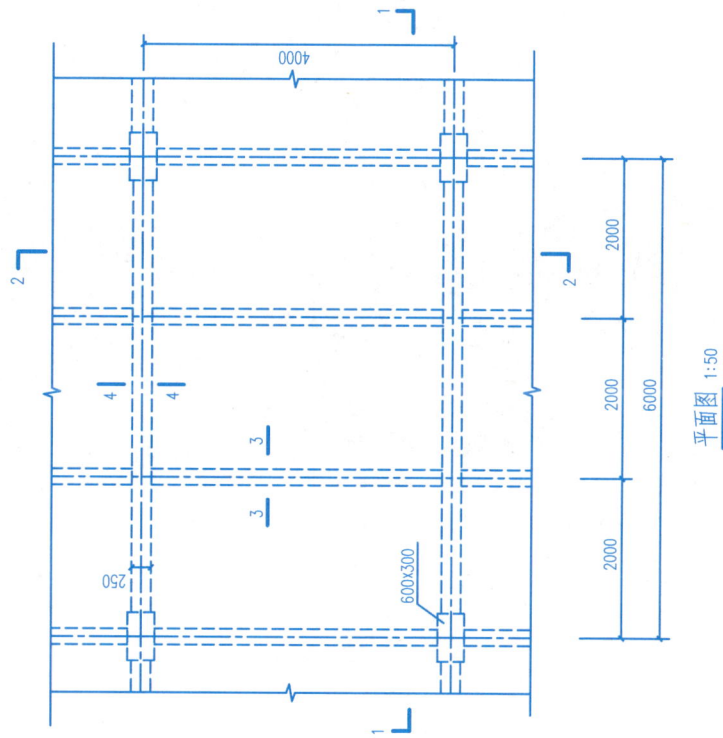

1—1剖面图 1:50

平面图 1:50

模块三　建筑工程图的识读与绘制

任务训练1 识读并绘制建筑施工图

1. 识读图1.1.1所示建筑施工图(或教师指定的一套施工图),按技能抽查要求完成表3.1.1所示的识读记录。

表3.1.1 读图记录表

(1)总平面图中新建建筑物与原来建筑物的表达有何不同?	
(2)装修表中门厅、会议室、男女卫生间各采用什么地面?	
(3)建筑平面图中散水暗沟、台阶、屋面防水、泛水、雨水口等的标准图集索引及含义是什么?该建筑的开间和进深尺寸有哪些?	
(4)建筑立面图中勒脚、外墙装饰装修做法标准图集索引及含义是什么?建筑立面图是如何命名的?	
(5)1—1剖面图中屋面形式是什么?楼地面标高和屋面标高是多少?2—2剖面图中地面、楼面、屋面的构造做法如何?	
(6)楼梯剖面详图中楼梯的结构形式和建筑形式分别是什么?	

2. 建筑施工图的识读与绘制。

作业说明

(1) 图形、图名

图形、图名见教材中图 1.1.1 所示建筑一层平面图、①～⑤轴立面图、1—1 剖面图、墙身节点详图、楼梯平面、楼梯剖面详图。

(2) 目的

1) 基本掌握和了解房屋的组成、房屋各组成部分的名称及其作用；熟悉一般民用建筑施工图的表达内容及图示特点。

2) 掌握绘制建筑施工图的基本方法以及现行制图标准的要求；会识读一般建筑工程施工图。

(3) 图纸

A2 或 A3 幅面绘图纸，选择合适的比例铅笔抄绘（当用 A2 图纸时，注意图形的组合），或用铅笔绘制底稿，再用绘图墨水笔加深或作适当次数的描图练习。如图中有不详之处，请按大致比例绘制或请教师补充。

(4) 要求

1) 要在读懂图样之后方可开始绘图。

2) 绘图时严格遵守制图标准中的各项规定，如有不熟悉之处，必须查阅现行标准。

(5) 说明

1) 建议图线的基本宽度（即粗实线的宽度）b 用 1 mm 或 0.7 mm，其余各类线的线宽符合线宽组的规定，同类图线同样粗细，不同图线粗细分明。

2) 汉字应写长仿宋字，字母、数字用标准体书写，建议图名字号用 10 号字，房间名称及其他说明文字用 7 号字，定位轴线编号用 5 号字，尺寸数字、门窗代号、构件代号用 3.5 号字。在写字前要把文字内容的位置、大小设计好，并打好相应的字格（尺寸数字可只画上下两条横线）再进行书写。

3) 要求图面布置适中、均匀、美观，图面整体效果好，投影关系正确，图纸内容清晰，图形表达完善，作图准确、尺寸标注无误、字体端正整齐。

3. 测试题。

(1) 建筑总平面图，简称总平面图，它是将新建建筑工程一定范围内的_____，用水平投影图和相应的图例画出来的图样，用以表明_____总体布局情况，主要反映新建建筑物的平面形状、位置和朝向及其与原有建筑物的关系、标高、道路、绿化、地貌、地形等情况。建筑总平面图可作为新建房屋定位、施工放线、土方施工以及绘制水、暖、电等管线总平面图和_____的依据。

(2) 总平面图上的标高尺寸及新建房屋的定位尺寸，均以_____为单位。

(3) 建筑平面图是假想用一个水平剖切平面沿_____水平剖切开来，对剖切平面以下的部分所作的水平投影图。建筑平面图主要表达房屋的平面形状、大小和房间的布置、用途、墙或柱的位置、厚度、材料、门窗的位置、大小和开启方向等。作为_____等的重要依据，是施工图中的重要图纸。

(4) 建筑平面图中外墙一般要标注三道尺寸，分别为_____尺寸、_____尺寸和_____尺寸。

(5) 建筑立面图简称立面图，它是在与房屋立面_____所作的房屋正投影图。立面图主要反映建筑物的高度(尺寸和标高)、层数、外貌、线脚、门窗、窗台、雨篷、阳台、台阶、雨水管、烟囱、屋顶檐口等构配件以及立面装修的做法，它是表达房屋建筑图的基本图样之一，是确定_____等的形状和位置以及指导房屋外部装修施工和计算有关预算工程量的依据。

(6) 建筑剖面图，简称剖面图，它是假想_____移去靠近观察者的部分，作出剩下部分的投影图。建筑剖面图主要反映建筑物内部的结构或构造方式、屋面形状、分层情况和各部位的联系、材料、构配件以及其必要的尺寸、标高等。它与平、立面图互相配合用于计算工程量，指导_____等，因此它是不可缺少的重要图样之一。

任务训练2 识读并绘制结构施工图

1. 识读教材中图 1.1.1 所示结构施工图，按技能抽查要求完成表 3.2.1 所示的识读记录。

<table>
<tr><td colspan="2" align="center">表 3.2.1 读图记录表</td></tr>
<tr><td>(1)结构设计说明中本工程的结构安全等级是几级？结构类型是什么？</td><td></td></tr>
<tr><td>(2)结构设计说明中，主要结构材料混凝土和钢筋强度等级有何要求？</td><td></td></tr>
<tr><td>(3)基础图中，DJ_J01、DJ_P01 的含义？DJ_J02 基底尺寸、坡形基础边缘高度、坡高、底板配筋、柱基插筋各是多少？</td><td></td></tr>
<tr><td>(4)柱平法施工图中，KZ 的数量、截面尺寸、标高、不同标高段的钢筋配置(纵筋和箍筋)是多少？箍筋类型是什么？</td><td></td></tr>
<tr><td>(5)梁平法施工图中是采用何种方式表达的？指出图中 KL2 集中标注和原位标注的含义，并采用截面注写法表达。</td><td></td></tr>
<tr><td>(6)板平法施工图中是采用何种方式表达的？指出图中 LB1 集中标注和Ⓔ轴支座原位标注的含义。</td><td></td></tr>
<tr><td>(7)楼梯平法施工图是采用何种方式表达的？指出图中集中标注和外围标注的含义。</td><td></td></tr>
</table>

2. 结构施工图的识读与绘制。

作业说明

（1）图形、图名

图形、图名见教材中图 1.1.1 所示基础图、柱、梁、板、楼梯平法施工图中有关图样，由教师指定。

（2）目的

1）基本掌握和了解基础、柱、梁、板、楼梯的平法施工图的表示方法、表达要求和识读方法。

2）掌握绘制结构施工图的基本方法以及现行结构制图标准和平法制图规则的要求；会识读一般结构工程施工图。

（3）其余同建筑施工图作业说明

3. 测试题。

（1）结构施工图主要是表明结构构件中的设计内容，如房屋的＿＿＿＿＿＿＿＿＿＿＿＿＿＿等的结构设计情况。在建筑工程中它是基础施工，柱、梁、板、楼梯等钢筋混凝土＿＿＿＿＿＿＿＿＿＿＿＿＿＿＿＿＿＿的重要依据。

（2）结构施工图的组成一般包括＿＿＿＿＿＿＿＿＿＿＿＿＿＿＿＿＿＿＿＿＿＿＿＿＿＿＿等结构平面图和结构构件详图等。

（3）混凝土强度等级有＿＿＿＿＿＿＿＿＿＿＿＿＿＿＿＿＿＿＿＿＿＿＿＿＿＿＿＿＿＿共 14 个等级。在混凝土构件的＿＿＿＿＿＿＿＿＿＿＿＿配置一定数量的钢筋，这种材料即称为钢筋混凝土。配置在混凝土中的钢筋，按其作用和位置不同分为＿＿＿＿＿＿＿＿＿＿＿＿＿＿＿＿以及构造钢筋等。

（4）基础图是建筑物地下部分承重结构的施工图，包括＿＿＿＿＿＿＿＿＿＿＿＿＿＿＿＿＿＿＿＿等。基础设计说明的主要内容是明确室内地面的设计标高及基础埋深、基础持力层及其承载力特征值、基础的材料，以及对基础施工的具体要求。基础图是基础施工＿＿＿＿＿＿＿＿＿＿＿＿＿＿＿＿＿＿＿＿＿＿＿＿＿＿＿＿的依据。

（4）基础、柱、梁、板、楼梯平面整体表示方法是一种常见的施工图标注方法，特别是框架结构中非常有效且适用。它是将基础、柱、梁、板、楼梯的尺寸和配筋，按照＿＿＿＿＿＿＿＿＿＿＿＿＿＿＿＿的制图规则，整体直接表达在基础、柱、梁、板、楼梯的结构平面布置图上，再与基础、柱、梁、板、楼梯的构造详图配合，构成一套完整的＿＿＿＿＿＿＿＿＿＿＿＿＿＿＿＿＿＿。这种表达可高度降低传统设计中大量同值性重复表达的内容，从而使＿＿＿＿＿＿＿＿＿＿＿＿＿＿＿＿，易随机修正，提高设计效率；使施工看图、记忆和查找方便，表达顺序与＿＿＿＿＿＿＿＿一致，利于施工检查。

4. 作出下图示梁 L－6 的 1—1、2—2 断面图，并在钢筋大样图上标注相应钢筋的代号、钢筋数量、规格型号。

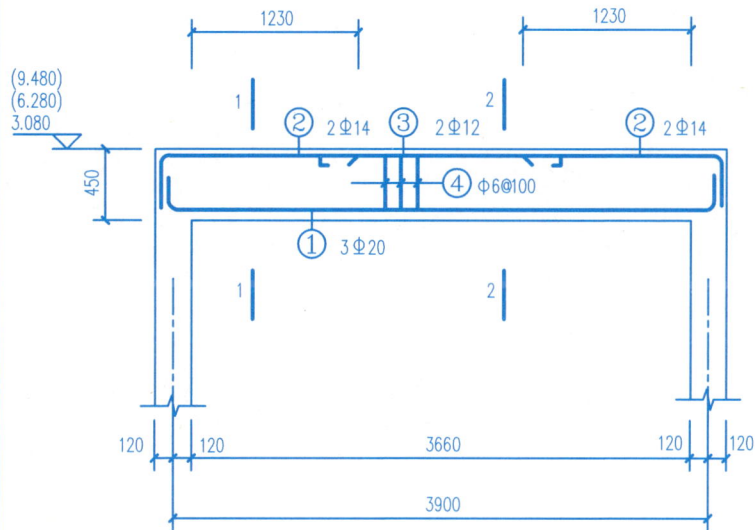

L－6 1:50
(梁宽250mm)

钢筋大样图

5. 下图为现浇板钢筋平面图，试画出 1—1 断面配筋图（画断面图时，可将板厚度方向的比例放大一些，采用双比例，从而表达详尽清楚），并按图填空。

XB-1的尺寸为(长×宽×厚) _____ ；

反边高_____ ；受力筋① _____ ；

构造负筋_____ ；受力筋② _____ 。

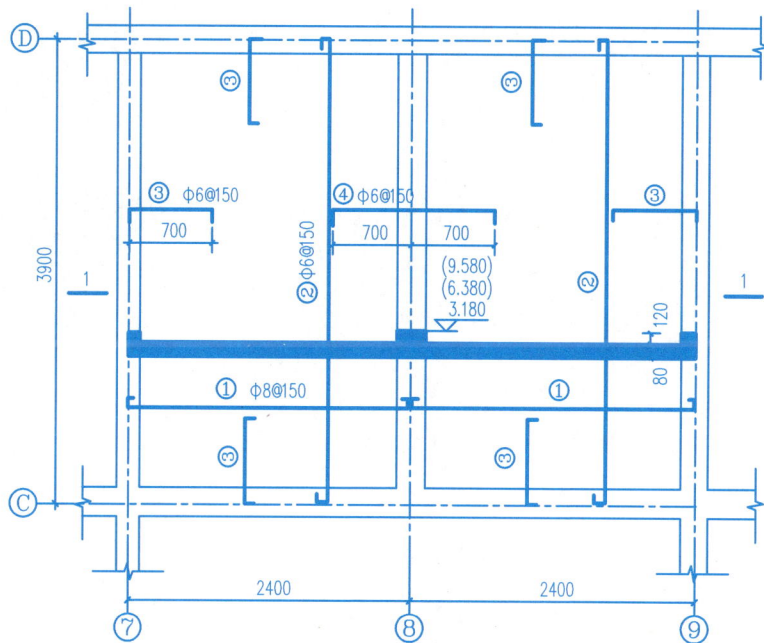

XB-1 1:30

6. 下图为结构施工图平面整体表示法（局部），解释图中所有标注数据、代号的含义及构件的名称，并用传统表示法和 1:20 的比例画出梁的四个截面 1—1、2—2、3—3、4—4，用于对比按平面注写方式表达的同样内容。

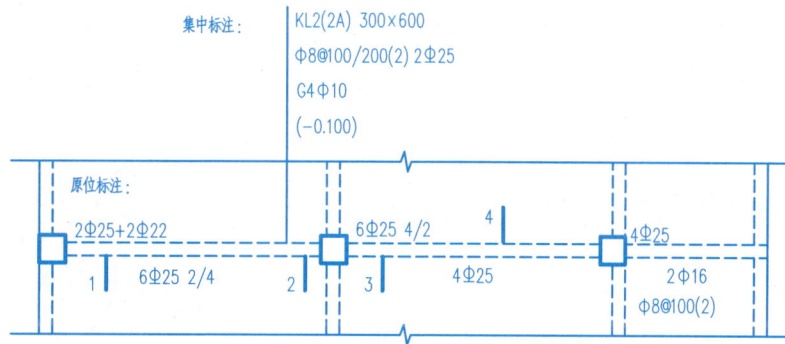

集中标注： KL2(2A) 300×600
Φ8@100/200(2) 2Φ25
G4Φ10
(−0.100)

原位标注：

2Φ25+2Φ22

6Φ25 4/2

4

1 6Φ25 2/4 2 3 4Φ25

4Φ25

2Φ16
Φ8@100(2)

任务训练3　识读并绘制室内给排水施工图

1. 室内给排水施工图的识读与绘制。

作业说明

（1）图形、图名

图形、图名见教材中图 3.3.1 所示给排水平面布置图和给水、排水管道系统轴测图，由教师指定。

（2）目的

1）基本掌握和了解室内给水排水系统的基本组成、图示特点及表达要求。

2）掌握绘制给排水施工图的基本方法以及制图标准的要求；会识读一般室内给水排水施工图。

（3）其余同建筑施工图作业说明

2. 测试题。

　　（1）室内给水排水系统的基本组成包括_____。给水系统包括_____、_____、室内配水管网、用水设备及附件、升压蓄水设备、室内消防设备等；排水系统包括_____等的排水泄水口、排水管网及附件、通气管道等。

　　（2）室内给水排水系统的图示特点：室内给水排水施工图主要包括_____、_____、卫生器具或用水设备的安装详图。由于给水排水管道的构件、配件其断面尺寸与其长度相比小很多，当采用较小的比例绘图时很难表达清楚，因此，在给水排水管道平面图、管道系统轴测图中，一般均采用统一的_____来表示。所画出的图例应遵照《给水排水制图标准》中统一规定的图例，为了突出管道及用水设备，建筑的平面轮廓线一般均用_____表示，且无论管道是明装还是暗装，管道线仅表示所在范围，并不表示它的平面位置尺寸，管道与墙面的距离应在施工时以现场施工要求而定。

　　（3）给排水管网平面布置图主要表达给水管道的平面布置（用粗实线表示的管道）和排水管道的平面布置（用粗虚线表示的管道）。给水管道的平面布置包括_____、_____、_____、用水阀门、龙头、卫生器具、用水设备等；排水管道的平面布置包括用水设备泄水口及用水房间的地漏、_____、_____、_____、检查井、化粪池等。

　　（4）给水、排水管网系统轴测图是采用_____的原理来表达管道的空间走向的。

　　（5）给排水管道构配件详图要求图样_____、_____、_____，有详细的施工说明。

模块四　民用建筑构造及构造详图的认知与表达

任务训练1　基础图的认知与表达

1. 基础施工图的识读与绘制。

作业说明

(1) 图形、图名

图形、图名见教材中图4.1.1、图4.1.2所示基础图平面图和基础详图,同时绘出已知条件下的J1基础的实际配筋图。

(2) 目的

掌握基础工程图的识读方法和绘制步骤及绘制要求。

(3) 其余同建筑施工图作业说明

2. 测试题。

(1) 基础是建筑物_____埋在地下的扩大部分,而地基是_____的土层。地基可分_____和_____,一般工程应优先选用_____。

(2) 基础的埋置深度是从_____的垂直距离。影响基础埋深的因素有_____、_____、_____、相邻房屋等,一般工程应选用浅基础。

(3) 基础按材料和受力特点分为_____。刚性基础的构造受刚性角限制,一般情况,刚性基础多用于地基承载力较高的低层或多层的民用建筑中。而扩展基础是在混凝土中设置钢筋,用以承受拉力和剪力,不受刚性角限制,多用于荷载较大、层数较多的建筑中。

(4) 基础按构造形式分为_____、_____、_____、_____等。

(5) 地下室通常是由_____、_____、_____、_____等构造组成。地下室的_____做法取决于设计最高地下水位是在地下室地面标高以下还是以上以及是否有渗水的可能。

3. 完成下图中 5 级二皮一收式大放脚构造图，并标注大放脚尺寸及其他相应的尺寸。

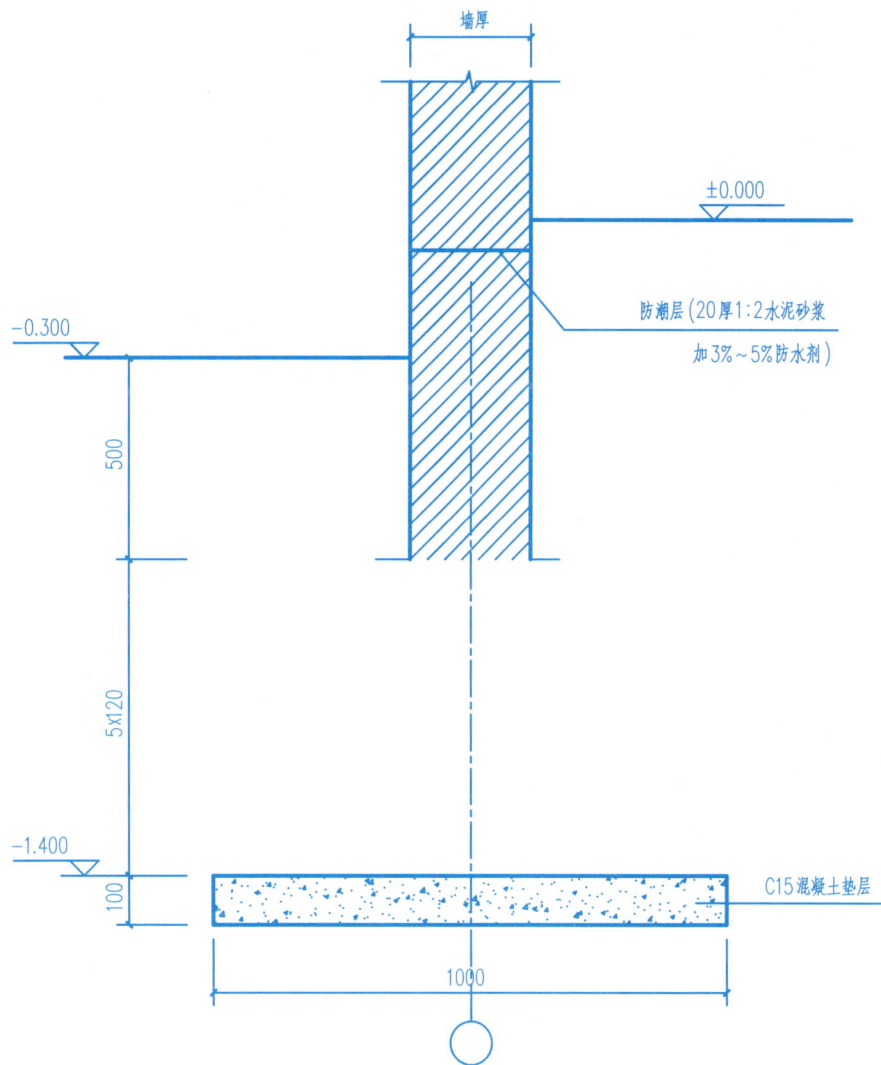

墙厚

±0.000

防潮层（20厚1:2水泥砂浆
加3%～5%防水剂）

-0.300

500

5x120

-1.400

100

C15混凝土垫层

1000

4. 按构造要求标注图中尺寸，完成下图所示钢筋混凝土条形基础的平面图（H 面投影图）和局部剖面图。

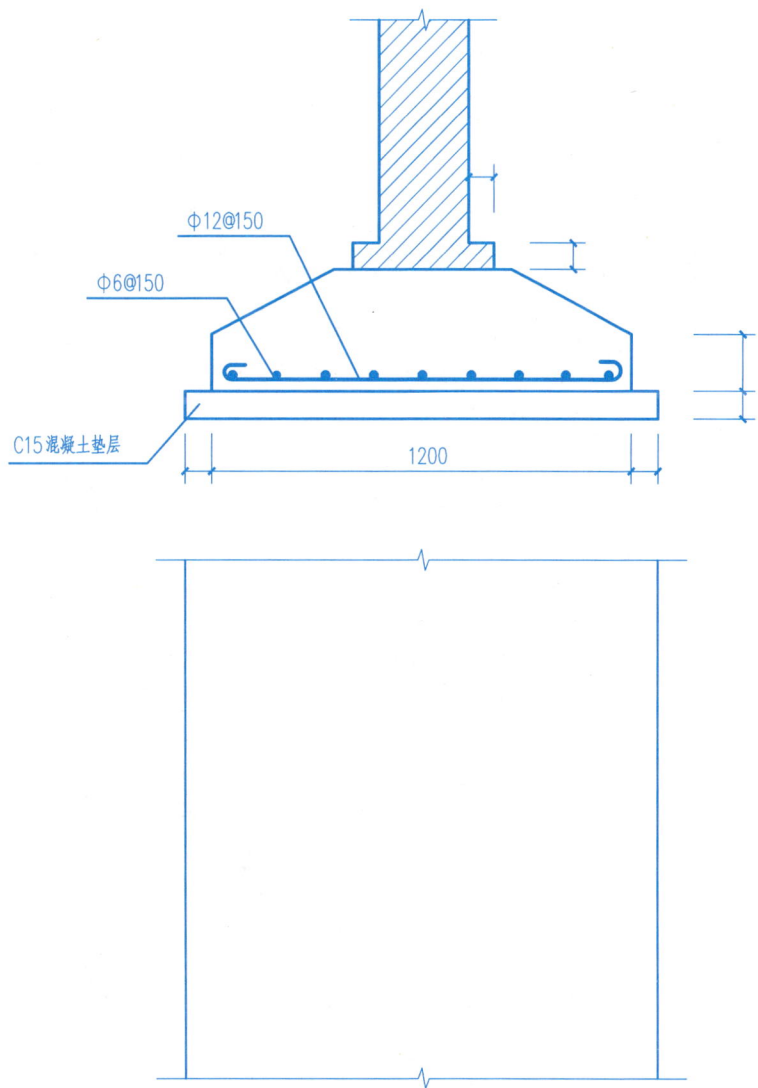

Φ12@150

Φ6@150

C15混凝土垫层

1200

任务训练2　墙身剖面构造详图的认知与表达

1. 墙身剖面详图的识读与绘制。

作业说明

识读施工图中的墙体相关图样(参考教材中图4.2.1),然后根据以下条件设计并用A3图纸以1:20比例绘制墙身剖面详图,该详图中要表达清楚地面构造、楼板层构造、墙面装修及墙身上各部位构造,如窗过梁与窗、窗台、勒脚及其防潮处理、明沟和散水等,需上墨线。

已知条件:

(1)住宅的外墙,承重砖墙240厚,层高3.0 m,室内外高差450 mm,窗台距室内地面900 mm高,女儿墙高1400 mm,墙面装修自定。

(2)采用钢筋混凝土预制楼板,板的类型由学生自己确定(参见中南建筑标准设计或教材中图4.3.3、表4.3.1)。

要求:

(1)绘定位轴线及编号圆圈。

(2)绘墙身、勒脚、内外装修厚度,绘出材料符号。

(3)绘水平防潮层,注明材料和作法,并注明防潮层的标高;绘散水(或明沟)和室外地面,用多层构造引出线标注其材料、做法、强度等级和尺寸;标注散水宽度、坡度方向和坡度值;标注室外地面标高。注意标出散水和勒脚之间的构造处理。

(4)绘室内首层地面构造,用多层构造引出线标注,绘踢脚板,标注室内地面标高。

(5)绘室内外窗台,表明形状和饰面,标注窗台的厚度、宽度、坡度方向和坡度值,标注窗台顶面标高。

(6)绘窗框轮廓线,不绘细部(也可参照图集绘窗框,其位置应正确,断面形状应准确,与内外窗台的连接应清楚)。

(7)绘窗过梁,注明尺寸和下皮标高。

(8)绘楼板、楼层地面、顶棚,并用多层构造引出线标注,标注楼面标高。

2. 测试题。

(1) 墙体的作用包括承重作用、_____、_____；门窗是房屋的_____配件，窗的主要作用是_____，门的主要作用是_____。

(2) 外横墙亦称为_____，外纵墙亦称为_____；砖墙的组砌原则是_____、_____、_____。

(3) 按墙体构造方式不同可将墙体分为_____、_____、_____三种。

(4) 墙身防潮层的目的是_____。

(5) 勒脚主要是_____。

(6) 散水和明沟是_____。

(7) 窗台是_____。

(8) 门窗过梁是_____。

(9) 圈梁又称腰箍，它是_____；其作用是增强房屋的_____，防止由于地基的不均匀沉降或较大振动荷载对房屋的不利影响。

(10) 构造柱是_____而设置的，作为墙体的一部分，它对墙体起约束作用，通过提高墙体的抗剪能力和延性，进而提高整幢房屋的_____性能。

(11) 隔墙是分隔建筑物内部空间的非承重内墙，类型主要有_____、_____、_____三种。

(12) 墙面装修依部位不同可分为_____；依材料和构造不同，可分为清水墙、抹灰类墙面、贴面类墙面、_____、_____、板材类墙面等。

(13) 墙体的节能主要考虑外墙的_____两方面。

(14) 门按其开启方式可分为：_____等；窗按其开启方式可分为：_____等几种类型。

(15) 门窗的安装方法根据施工方式的不同可分为_____。

(16) 遮阳方式包括_____等。窗户遮阳板按其形状和效果分类，有_____、_____、_____、_____四种形式。

3. 绘构造图。

（1）用 1:20 的比例按下列构造做法绘出大理石地面、混凝土散水的构造图，并标注散水的构造尺寸。

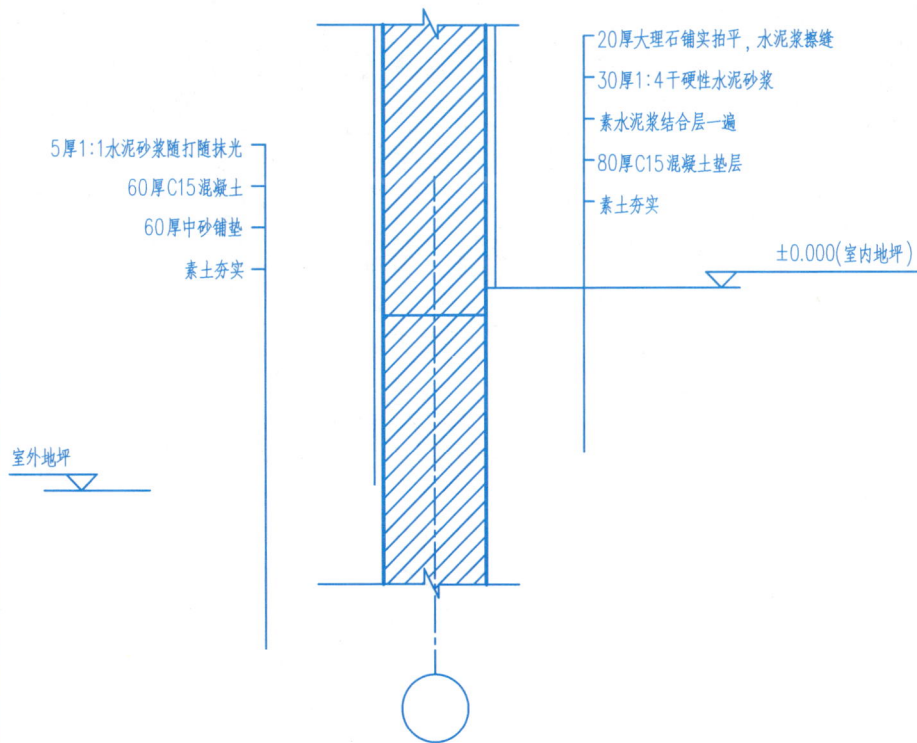

5厚1:1水泥砂浆随打随抹光
60厚C15混凝土
60厚中砂铺垫
素土夯实

室外地坪

20厚大理石铺实拍平，水泥浆擦缝
30厚1:4干硬性水泥砂浆
素水泥浆结合层一遍
80厚C15混凝土垫层
素土夯实

±0.000(室内地坪)

（2）用 1:20 的比例画出砖砌墙体的不悬挑窗台、矩形过梁及楼地面构造。

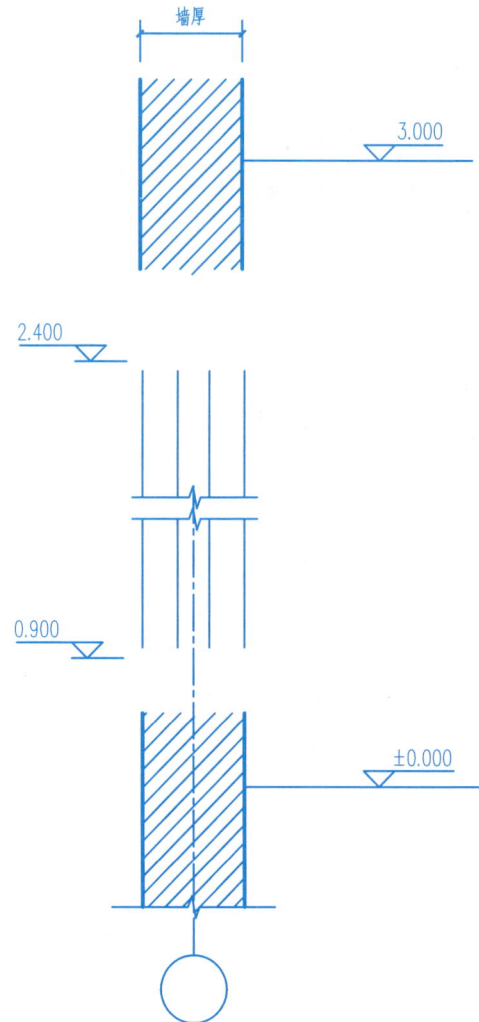

墙厚

3.000

2.400

0.900

±0.000

任务训练3　楼层结构图的认知与表达

1. 根据技能抽查标准要求，识读教材中图1.1.1所示的建筑工程图样，完成下表识读记录表。

表4.3.1　读图记录表

(1)从图1.1.1所示的墙身节点详图中表达的楼板层由哪几部分组成？各部分有什么作用？	
(2)结合与楼板有关的相关图样看，楼板层在设计的时候应该考虑哪些基本要求？	
(3)从施工方式看，图1.1.1表达的楼板属于哪种类型？	
(4)从受力和传力方式看，图1.1.1表达的楼板属于哪种类型？	
(5)从施工图上看，该建筑的楼地面做法如何？	

2. 楼层结构平面图的识读与绘制。

作业说明

　　已知某建筑的一层平面图(教材图 4.3.1 所示,除雨篷、楼梯外,楼层平面图同一层平面图,图中门窗尺寸的确定请在教师的指导下完成,并列出门窗表),设计该建筑除楼梯外的二层楼板平面布置图,因不涉及结构计算,故该结构平面图采用传统的布置方法,要求用相应构件代号表示受力柱、构造柱、过梁、支承楼板的梁、预制板等,并以 1∶100 的比例绘制在 A3 图纸上,需上墨线。

3. 测试题。

　　(1)楼板层是建筑物中分隔上下楼层的_____,它不仅承受自重和其上的使用荷载,并将其传递给墙或柱,而且对墙体也起着_____的作用。它由_____、_____和_____部分组成。

　　(2)楼板的类型按所用材料可分为木楼板、砖拱楼板、_____等。

　　(3)钢筋混凝土楼板按施工方式可分为_____、_____和_____等类型。现浇板常用的有_____、_____以及_____。预制装配式钢筋混凝土楼板,按构件的应力状况可分为_____、_____等。

　　(4)顶棚有_____两种类型,直接式顶棚构造简单、施工方便、造价较低。悬吊式顶棚由_____、_____、_____三部分组成。

　　(5)阳台的结构布置有_____、_____等。根据阳台与其外墙相对位置的不同,阳台可分为:_____、_____、_____等几种形式。

　　(6)雨篷按照材料和结构形式的不同,可分为_____、_____、_____等。

任务训练4 楼梯构造详图的认知与表达

1. 楼梯构造详图的识读与绘制。

作业说明

识读施工图中的楼梯相关图样,然后根据以下条件设计并用 A2 图纸绘制楼梯详图,包括六个图:底层平面图(1:50)、标准层平面图(1:50)、顶层平面图(1:50)、剖面图(1:50)、栏杆(栏板)详图(1:10)和踏步详图(1:10),需上墨线。

已知条件:

(1)五层单元式住宅双跑楼梯,一梯两户不上屋顶,层高 3 m,墙厚 240 mm,开间 2700 mm、进深 5400 mm,梯间窗尺寸为 1500 mm×1500 mm,入户门尺寸为 1000 mm×2100 mm,进梯间门尺寸为 1800 mm×2100 mm,为封闭式楼梯,有对外出入口;

(2)现浇钢筋混凝土板式楼梯,平台梁宽 250 mm、梁高 300 mm,梯段形式、步数、踏步尺寸、栏杆(栏板)形式、所选用材料及尺寸均自定,可假定楼梯井宽度为 100 mm,扶手宽度为 60 mm;

(3)踏步表面做了防滑处理,防滑做法和地面做法自定。

要求:

(1)在楼梯各平面图和剖面图中绘出定位轴线,标出定位轴线至墙边的尺寸;绘出门窗、楼梯踏步、折断线(注意折断线为一条)。以各层地面为基准标注楼梯的上、下指示箭头,并在上下行指示线旁注明到上层的步数和踏步尺寸。

(2)在楼梯各层平面图中注明中间平台及各层地面的标高,室外地坪标高(室内外高差学生通过设计确定)。

(3)在底层楼梯平面图上注明剖面剖切线的位置及编号,注意剖切线的剖视方向;剖切线应通过楼梯间的门和窗。

(4)平图上标注三道尺寸:

1)进深方向   第一道:平台净宽、梯段长 = 踏面宽×步数;第二道:楼梯间净长;第三道:楼梯间进深轴线尺寸。

2)开间方向   第一道:楼梯段宽度和楼梯井宽;第二道:楼梯间净宽;第三道:楼梯间开间轴线尺寸。

(5)底层平面图上要绘出室外(内)台阶、散水。如绘二层平面图应绘出雨篷,三层及三层以上平面图不再绘雨篷。

(6)剖面图应注意剖视方向,不要把方向弄错。剖面图可绘制到顶层栏杆扶手,其上用折断线切断,暂不绘屋顶。

(7)剖面图的内容为:楼梯的断面形式,栏杆(栏板)、扶手的形式,墙、楼板和楼层地面、顶棚、台阶、室外地面、底层地面等。

(8)注出材料符号。

(9)标注标高:室内地面、室外地面、楼层平台、中间平台、各层地面、窗台及窗顶、门顶、雨篷上、下皮等处。

(10)在剖面图中绘出定位轴线,并标注定位轴线间的尺寸,注出详图索引符号。

(11)详图应注明材料、作法和尺寸,与详图无关的连续部分可用折断线断开,注出详图编号。

2. 测试题。

(1) 楼梯作为建筑物垂直交通设施之一，应满足＿＿＿＿＿＿＿＿的要求，一般由＿＿＿＿、＿＿＿＿、＿＿＿＿三部分组成。

(2) ＿＿＿＿＿＿＿＿＿的宽度应按人流股数确定，且应保证人流和货物的顺利通行。

(3) 楼梯平台按位置不同分＿＿＿＿平台和＿＿＿＿平台；楼梯的通行净高在平台部位应大于＿＿＿＿ m；在梯段部位应大于＿＿＿＿ m；在平台下设出入口，当净高不足 2 m 时，可采用长短跑或利用室内外地面高差等办法予以解决；楼梯段的踏步数量一般不应超过＿＿＿＿级，也不应少于＿＿＿＿级；计算楼梯踏步尺寸常用的经验公式为＿＿＿＿＿＿＿。楼梯平台深度不应小于＿＿＿＿＿＿＿的宽度，且不小于 1.2 m。

(4) 楼梯栏杆扶手的高度是指从＿＿＿＿至扶手上表面的垂直距离，一般室内楼梯的栏杆扶手高度不应小于＿＿＿＿ m。

(5) 钢筋混凝土楼梯包括＿＿＿＿＿＿＿＿＿、＿＿＿＿＿＿＿＿＿，现浇钢筋混凝土楼梯根据楼梯段的传力与结构形式的不同，分成＿＿＿＿＿＿、＿＿＿＿＿＿楼梯两种。

(6) 室外台阶与坡道是建筑物入口处解决室内外地面高差，方便人们进出的辅助构件，其构造方式依其所采用的材料不同而异。台阶由＿＿＿＿＿＿＿＿＿组成。其形式有＿＿＿＿＿＿、＿＿＿＿＿＿等。台阶坡度较楼梯平缓，每级踏步高为＿＿＿＿＿＿ mm，踏面宽为＿＿＿＿＿＿ mm。当台阶高度超过＿＿＿＿ m 时，宜有护栏设施。

(7) 有些大型公共建筑，为考虑汽车能在大门入口处通行，常采用＿＿＿＿＿＿＿相结合的形式。

(8) 对于住宅＿＿＿＿＿＿＿＿＿＿以上、标准较高的建筑和有特殊需要的建筑等，一般设置电梯。电梯是高层建筑的主要交通工具。电梯设备通常由＿＿＿＿＿＿、＿＿＿＿＿＿和＿＿＿＿＿＿三个主要部分构成。电梯的设备构成要求土建上设有＿＿＿＿＿＿、＿＿＿＿＿＿和＿＿＿＿＿＿三部分。

任务训练5　屋面排水与节点构造详图的认知与表达

1. 屋顶平面图的识读与绘制。

作业说明

(1)参考教材中图 1.1.1 所示屋顶平面图,绘制五层住宅建筑屋顶平面图(一层平面图见教材中图 4.3.1 所示,除雨篷、楼梯外,楼层平面图同一层平面图),比例 1:100。

1)画出各坡面交线、女儿墙、天沟、雨水口、屋面出入口等,刚性防水屋面应画出纵横分格缝。

2)标注屋面和天沟内的排水方向和坡度大小,标注屋面出入口等突出屋面部分的有关尺寸,标注屋面标高(结构上表面标高)。

3)标注主要定位轴线和编号。

4)标注详图索引符号,并注明图名和比例。

(2)绘屋顶节点详图:比例 1:10 或者 1:20(画出下列中的任意两个详图,其他用标准图集索引)。

1)女儿墙檐口构造;

2)泛水构造(标注屋顶构造做法);

3)雨水口构造;

4)刚性防水屋面分格缝构造。

2. 测试题。

(1) 屋顶按屋面形式分可分为_____、_____、_____三类。平屋顶的坡度小于_____，有挑檐平屋顶、女儿墙平屋顶、女儿墙带挑檐平屋顶、盝顶等形式；坡屋顶的坡度一般大于_____，有庑殿、歇山、硬山、悬山、卷棚、攒尖等类型。屋顶按屋面防水材料分为_____、_____、_____等。

(2) 屋顶设计的主要任务是解决好_____、_____、_____、_____等问题。

(3) 屋顶排水每根雨水管可排除约_____平方米的屋面雨水，其间距控制在_____ m 以内；矩形天沟净宽不小于_____ mm，天沟纵坡最高处离天沟上口的距离不小于_____ mm，天沟纵向坡度取_____。

(4) 卷材防水屋面的细部构造是防水的薄弱部位，包括_____、_____、_____、_____、_____等。

(5) 刚性防水屋面为了防止开裂，应在防水层中加_____，设置_____，在防水层与结构层之间_____。分格缝应设在屋面板的支承端，屋面坡度的转折处、泛水与女儿墙的交界处。分格缝之间的间距不超过_____ m。

(6) 瓦屋面的承重结构有_____、_____、_____等。

(7) 变形缝包括_____、_____、_____三种。

(8) 伸缩缝通常在建筑物适当的部位自_____以上将房屋的_____、_____、_____等构件全部断开，将建筑物沿垂直方向划分成独立变形单元。这种因温度变化而设置的缝隙称为伸缩缝或温度缝。伸缩缝宽一般为_____ mm，伸缩缝的间距与房屋的结构类型、房屋或楼盖的类别以及使用环境等因素有关。

(9) 沉降缝是为了防止_____不均匀沉降设置的变形缝，故应从_____断开。沉降缝的宽度与地基情况和建筑高度或层数有关。

(10) 防震缝应沿_____设置，一般基础可不必断开，但平面复杂或结构需要时也可断开。防震缝一般可与伸缩缝、沉降缝协调布置，在地震地区需设置伸缩缝和沉降缝时，须按_____构造要求处理。防震缝的最小宽度与地震设计烈度、房屋的高度和结构类型等因素有关。

3. 绘构造图。

（1）用 1：20 的比例绘出高聚物改性沥青防水卷材、钢筋混凝土板架空隔热屋面（架空隔热、保温、不上人屋面）。

35 厚 490×490，C20 钢筋混凝土预制板（配筋双向 Φ4@150），1：2 水泥砂浆填缝

M5 砂浆砌 120×120 砖三皮，双向中距 500 或顺排水方向砌一侧一平砖带，高 180 中距 500，砖带端部砌 240×120 砖三皮

0.4 厚乙烯膜或 200 g/m² 聚脂无纺布一层

3.0 厚 SBS 改性沥青防水卷材

3.0 厚 SBS 改性沥青防水卷材

20 厚 1：2.5 水泥砂浆找平层

120 厚挤塑聚苯乙烯泡沫塑料板

30 厚（最薄处）LC5.0 轻骨料混凝土找 2% 坡抹平

钢筋混凝土屋面板，表面清扫干净

（2）用 1∶20 的比例绘出地砖保护层倒置式屋面，细石混凝土防水和高聚物改性沥青防水卷材防水屋面（隔热、保温、上人、倒置式屋面）。

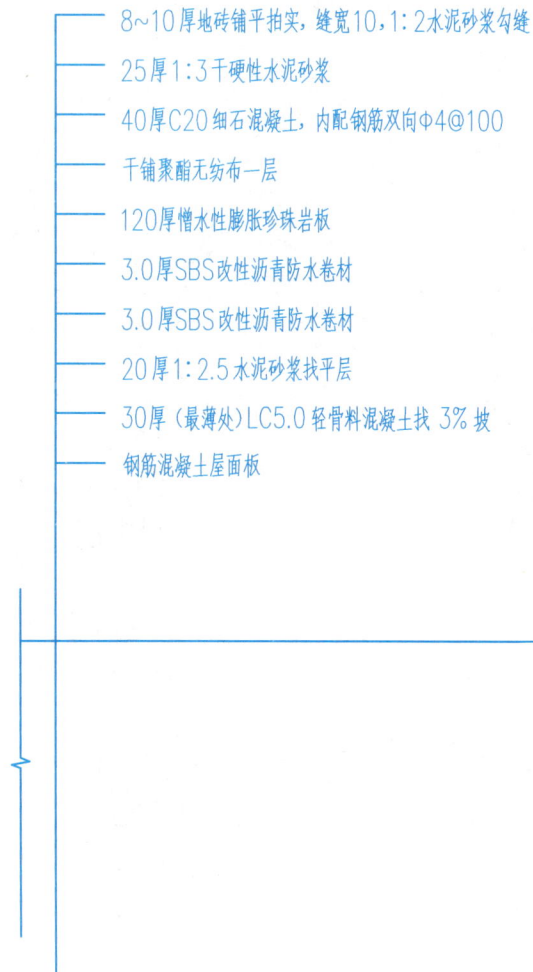

8~10厚地砖铺平拍实，缝宽10，1∶2水泥砂浆勾缝

25厚1∶3干硬性水泥砂浆

40厚C20细石混凝土，内配钢筋双向Φ4@100

干铺聚酯无纺布一层

120厚憎水性膨胀珍珠岩板

3.0厚SBS改性沥青防水卷材

3.0厚SBS改性沥青防水卷材

20厚1∶2.5水泥砂浆找平层

30厚（最薄处）LC5.0轻骨料混凝土找 3%坡

钢筋混凝土屋面板

(3) 标注图中尺寸，并指出图中现浇外排水天沟的构造做法。

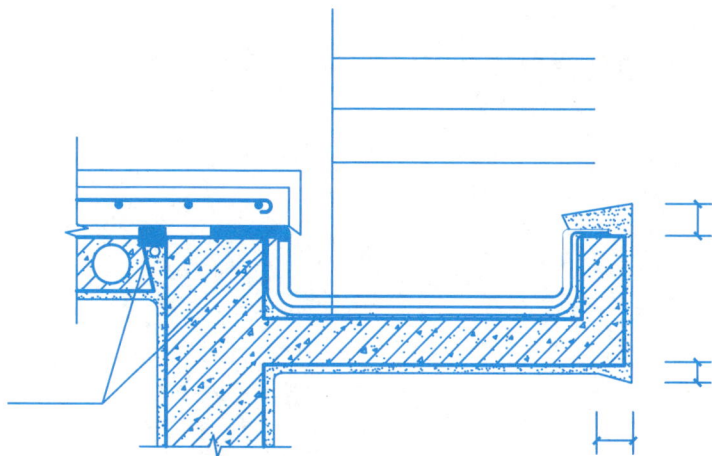

(4) 完善图中刚性防水屋面山墙泛水。

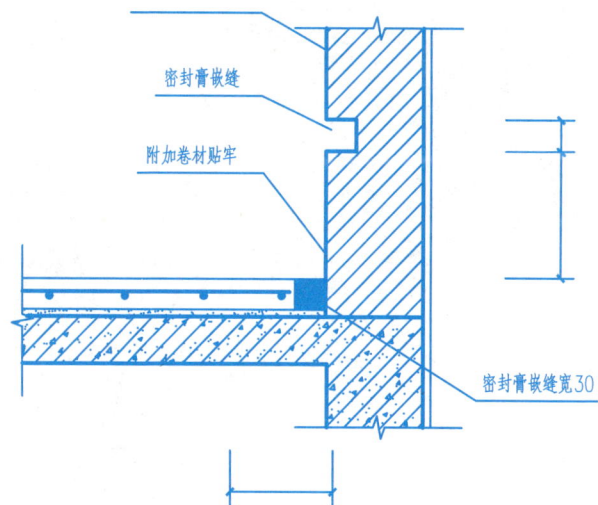

密封膏嵌缝

附加卷材贴牢

密封膏嵌缝宽30

现浇外排水天沟

山墙泛水

(5)选择合适的比例画出变形缝的构造图。

1) 顶棚伸缩缝

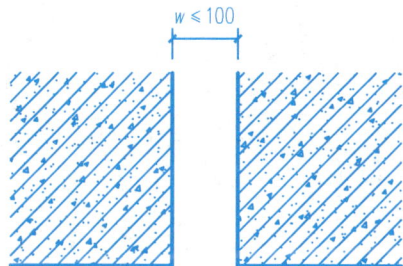

2) 墙体防震缝

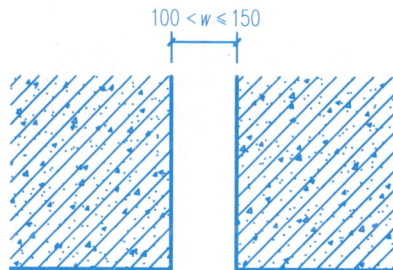

3) 外墙沉降缝

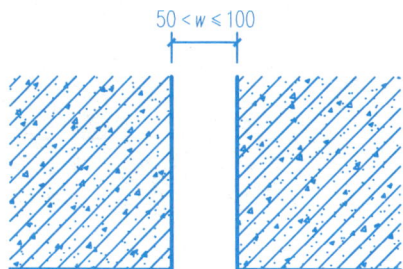

4) 内墙沉降缝

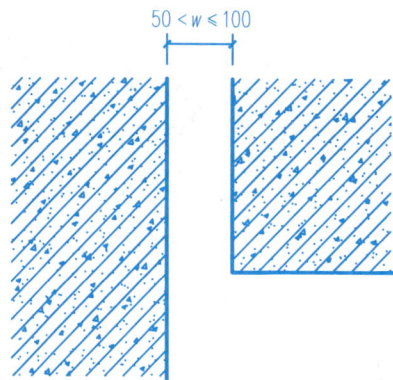

模块五　工业建筑构造的认知与表达

任务训练 单层工业厂房建筑构造的认知与表达

1. 单层工业厂房施工图的识读与绘制。

作业说明

    按建筑制图标准的规定和厂房构造做法要求,采用 A2 绘图纸,绘制教材中图 5.1.1 所示单层工业厂房的柱网平面布置图和节点详图。有关参数如下:

    教材中图 5.1.1 所示为某金工装配车间(全装配式单层排架结构,排架柱和抗风柱均采用矩形柱),共两跨,分别为 12 m 跨和 18 m 跨,柱距为 6 m,室内地面标高 ±0.000 m,室外地坪标高 −0.150 m,采用封闭结合,中间设伸缩缝。排架柱柱顶标高(H_1)分别为 6.6 m、8.4 m,下柱截面尺寸为 400 mm×800 mm,抗风柱下柱截面尺寸为 400 mm×600 mm,外围护结构采用厚度为 240 mm 的砖墙;吊车两台,起重量分别为 10 t、20 t/5 t。屋架、屋面板分别采用折线型预应力钢筋混凝土屋架或预应力钢筋混凝土屋面大梁和大型屋面板,采用有组织排水方式和柔性防水屋面。

2. 按技能抽查标准要求,识读某单层工业厂房施工图,完成识读记录表 5.1.1(本案例识读以上面完成的柱网平面图为例)。

表 5.1.1 识读图记录表	
(1)什么是柱网?厂房平面图有几跨,图中跨度和柱距是多少?	
(2)该厂房平面图总体尺寸是多少?	
(3)该厂房吊车轨道中心线之间的距离是多少?	
(4)该厂房平面图的柱距的确定应该考虑哪些因素?如何确定?	

3. 测试题。

(1) 单层工业厂房结构按其承重结构的材料来分，有_____、_____类型；按其主要承重结构的形式分，有_____类型。排架结构单层工业厂房由_____两大部分组成。

(2) 常见的吊车有_____、_____、_____等。

(3) 厂房的定位轴线是确定厂房_____的基线，同时也是设备定位、安装及厂房施工放线的依据。厂房柱子纵横向定位轴线在平面上形成有规律的网格称为_____。与横向排架平面垂直的称为_____轴线，柱子纵向定位轴线间的距离称为_____；与横向排架平面平行的称为_____轴成，横向定位轴线的距离称为_____。

(4) 屋顶结构分_____。

(5) 排架柱由_____、_____、_____整体构成，下柱插入基础的杯口内固定，牛腿支承吊车梁，上柱支承屋架或屋面梁。边柱的外侧须预埋铁件或拉结筋，以便与墙体、连系梁、圈梁等连接。

(6) 山墙抗风柱是变截面抗弯构件，其下端插入基础杯口内固定，在端部屋架或屋面梁处，并用_____分别与屋架或屋面梁的上下弦作柔性连接，既不会影响屋架或屋面梁的变形，又可将风荷载传到屋架上。

(7) 连系梁是柱与柱之间在_____。

(8) 支撑的主要作用是保证厂房结构和构件的_____、_____，并传递部分_____荷载。

(9) 单层厂房的墙板与排架柱的连接一般分_____两类。

(10) 厂房屋面的排水方式分为_____。

(11) 厂房大门按用途可分为_____。

(12) 主要用作采光的天窗有：_____、_____、_____、_____等；主要用作通风的有：_____、_____、_____、_____。

(13) 矩形天窗主要由_____、_____、_____及天窗扇等构件组成。

(14) 在工业厂房中常需设置各种钢梯，如_____、_____及消防钢梯等。